水利工程设计与施工安全管理研究

王　帅　苏乃华　张胜利　编著

吉林科学技术出版社

图书在版编目（CIP）数据

水利工程设计与施工安全管理研究 / 王帅，苏乃华，
张胜利编著 . -- 长春 ： 吉林科学技术出版社，2023.3
　ISBN 978-7-5744-0202-7

　Ⅰ . ①水… Ⅱ . ①王… ②苏… ③张… Ⅲ . ①水利工
程－设计－研究②水利工程－工程施工－安全管理－研究
Ⅳ . ① TV222 ② TV52

　中国国家版本馆 CIP 数据核字 (2023) 第 061638 号

水利工程设计与施工安全管理研究

编　　著	王　帅　苏乃华　张胜利
出 版 人	宛　霞
责任编辑	赵维春
封面设计	树人教育
制　　版	树人教育
幅面尺寸	185mm×260mm
开　　本	16
字　　数	230 千字
印　　张	10.375
版　　次	2023 年 3 月第 1 版
印　　次	2023 年 3 月第 1 次印刷
出　　版	吉林科学技术出版社
发　　行	吉林科学技术出版社
地　　址	长春市南关区福祉大路 5788 号出版大厦 A 座
邮　　编	130118

发行部电话 / 传真　0431—81629529　　81629530　　81629531
　　　　　　　　　　81629532　　81629533　　81629534

储运部电话　0431—86059116

编辑部电话　0431—81629520

印　　刷	廊坊市广阳区九洲印刷厂
书　　号	ISBN 978-7-5744-0202-7
定　　价	65.00 元

编委会

主　编

王　帅　临沂市水利资源开发服务中心

苏乃华　山东菏泽黄河工程有限公司

张胜利　山东菏泽黄河工程有限公司

副主编

贾　森　临沂市水利工程保障中心

任　杰　临沂市水利工程保障中心

商　捷　滨州市引黄灌溉服务中心

王　扬　临沂市水利资源开发服务中心

前　言

　　水利工程施工是按照设计提出的工程结构、数量、质量、进度及造价等要求修建水利工程的工作。水利工程的运用、操作、维修和保护工作,是水利工程管理的重要组成部分。水利工程建成后,必须通过有效的管理,才能实现预期的效果和验证原来规划、设计的正确性。水利工程管理的基本任务是保持水利工程建筑物和设备的完整与安全,使其处于良好的技术状况;正确运用水利工程设备,以控制、调节、分配、使用水资源,充分发挥其防洪、灌溉、供水、排水、发电、航运、环境保护等效益。做好水利工程的施工与管理是发挥工程功能的鸟之两翼、车之双轮。

　　本书内容主要包括水利基础知识、防汛抢险、水利工程施工组织、施工导流、堤防施工、水闸施工、土石方施工、混凝土施工、钢筋施工、水利工程质量、水利工程管理、水利工程招投标、水利工程合同管理、施工安全管理、风险与信息管理、工程资料整编等。

目　录

第一章　水利工程设计

第一节　水电站进水口建筑物设计

一、水电站进水口的功用和基本要求

水电站进水口通常位于引水系统的首部，其功用是按发电要求将水引入水电站的引水道。水电站进水口应满足以下五条基本要求：

（1）要有足够的进水能力，即在任何工作水位下进水口都能引进必需的流量。因此，在枢纽布置中必须合理安排进水口的位置和高程，水电站进水口要求水流平顺并有足够的断面尺寸（一般按水电站的最大引用流量设计）；

（2）水质要符合要求，即不允许有害泥沙和各种有害污物进入引水道和水轮机。因此，进水口要设置拦污、防冰、拦沙、沉沙及冲沙等设备；

（3）水头损失要小，即水电站进水口位置要合理，进口轮廓应平顺、流速较小，以尽可能减少水头损失；

（4）流量应可控，即进水口必须设置闸门（以便在事故时紧急关闭并截断水流，以避免事故扩大。同时，也可为引水系统的检修创造条件）。对无压引水式电站来讲，其引用流量的大小通常也是由进口闸门来控制；

（5）应满足水工建筑物的一般要求，即进水口要有足够的强度、刚度和稳定性。另外，还要求其结构简单、施工方便、造型美观，便于运行、维护和检修。

进水口后连接的引水方式、水流流态和所处位置的不同，其进水口的形式也不尽相同，水电站进水口按水流条件的差异可分为有压进水口和无压进水口两大类。

二、水电站有压进水口设计

水电站有压进水口的特征是进水口高程设在水库最低死水位以下，以引进深层水为主，整个进水口处于有压状态，其后通常接有压隧洞或压力管道，有压进水口适用于坝式、有压引水式、混合式水电站。有压进水口通常由进口段、闸门段及渐变段等组成。

（一）有压进水口的类型及适用条件

目前，水电站常见的有压进水口有隧洞式进水口、墙式进水口、塔式进水口、坝式进水口等。

1. 隧洞式进水口

隧洞式进水口是在隧洞进口附近的岩体中开挖竖井形成的，其井壁一般要进行衬砌，闸门则安装在竖井中，竖井的顶部布置有启闭机和操纵室，隧洞式进水口渐变段之后接隧洞洞身。这种布置的优点是结构比较简单，不受风浪和冰冻的影响，地震影响也较小，比较安全可靠；其缺点是竖井之前的隧洞段不便检修，竖井开挖也比较困难。隧洞式进水口适用于工程地质条件较好、岩体比较完整、山坡坡度适宜且易于开挖平洞和竖井的情况。

2. 墙式进水口

墙式进水口的进口段、闸门段和闸门竖井均布置在山体之外，从而形成一个紧靠在山岩上的单独墙式建筑物，该墙式建筑物承受水压及山岩压力，因此要求有足够的稳定性和强度。墙式进水口适用于地质条件差、山坡较陡、不易开挖竖井的情况。

3. 塔式进水口

塔式进水口的进口段、闸门段及其框架形成一个塔式结构，其耸立在水库之中，塔顶设有操纵平台和启闭机室，有工作桥与岸边或坝顶相连。塔式进水口可一边或四周进水，然后将水引入塔底的竖井中。塔式进水口塔身是直立的悬臂结构，风浪压力及地震力的影响较大，故需对其进行抗倾、抗滑稳定和结构应力计算，应确保其具有足够的强度和稳定性，同时也要求其地基坚固。塔式进水口适用于当地材料坝枢纽，当进口处山岩较差而岸坡又比较平缓时也可采用这种形式。

4. 坝式进水口

通常依附在坝体的上游面上并与坝内压力管道连接，其进口段和闸门段常合二为一、布置紧凑。坝式进水口适用于混凝土重力坝的坝后式厂房、坝内式厂房和河床式厂房。

（二）有压进水口的位置、高程及轮廓尺寸设计

1. 有压进水口的位置设计

水电站有压进水口在枢纽中的位置设计应能尽量使水流平顺、对称，应不使水流发生回流和漩涡、不出现淤积、不聚集污物，应确保泄洪时仍能正常进水。有压进水口后接的压力隧洞应与洞线布置协调一致，应选择地形、地质及水流条件均较好的位置。

2. 有压进水口的高程设计

有压进水口顶部高程应低于运行中可能出现的最低水位，并应有一定的淹没深度（以进水口前不出现漏斗式吸气漩涡为原则）。漏斗漩涡会带入空气、吸入漂浮物、引起噪声和振动、减小过水能力、影响水电站的正常发电，人们根据一些已建工程的原型观测分析结果给出了不出现吸气漩涡的临界淹没深度经验估算公式，即

$$S = cV\sqrt{H}$$

式中，H 为闸门孔口净高，m；V 为闸门断面水流速度，m/s；c 为经验系数（c=0.55~0.73，对称进水时取小值，侧向进水时取大值）；S 为闸门顶低于最低水位的临界淹没深度，m。

在满足进水口前不出现漏斗式吸气漩涡及引水道内不产生负压的前提下，进水口的高程应尽可能抬高以改善结构的受力条件，降低闸门、启闭设备及引水道的造价（也便于进水口的维护和检修）。通常情况下，有压进水口底部高程应高于设计淤沙高程（如果这个要求无法满足，则应在进水口附近设排沙孔，以保证进水口不被淤沙堵塞），进水口的底部高程通常应在水库设计淤沙高程以上 0.5~1.0m（若设有排沙设施，则可根据实际排沙情况确定）。

3. 有压进水口的轮廓尺寸设计

进水口一般应由进口段、闸门段和渐变段组成。进水口的轮廓应使水流平顺、流速变化较小，应确保水流与四周侧壁之间无负压及涡流，且进口流速不宜太大（一般应控制在 1.5m/s 左右）。

（1）有压进水口进口段

有压进水口进口段的作用是连接拦污栅与闸门段，隧洞式进口段通常为平底，两侧收缩曲线为 1/4 圆弧或双曲线，上唇收缩曲线一般为 1/4 椭圆，其椭圆曲线方程为

$$\frac{x^2}{a^2} + \frac{y^2}{b^2} = 1$$

式中，a 为椭圆长半轴（对于顶板曲线来讲，其约等于闸门处的孔口高度 H）；b 为椭圆短半轴（对于顶板曲线可用 H/3）。进口段的长度没有一定标准，在满足工程结构布置与水流顺畅的条件下，应尽可能紧凑。

（2）有压进水口闸门段

有压进水口闸门段是进口段和渐变段的连接段，闸门及启闭设备布置在此段。闸门段一般为矩形，事故闸门净过水面积通常为隧洞面积的 1.1~1.25 倍（检修闸门的孔口可与此相等或稍大），其门宽 B 应等于洞径 D，门高应略大于洞径 D。闸门段的体型主要取决于所采用的闸门、门槽形式及结构条件，其长度应满足闸门及启闭设备布置需要，并应顾及引水道检修通道的要求。

（三）有压进水口的主要设备

有压进水口的主要设备包括拦污设备、闸门及其启闭设备、通气孔及充水阀等。

1. 拦污设备

有压进水口拦污设备的功用是防止漂木、树枝、树叶、杂草、垃圾、浮冰等漂浮物随水流进入进水口，同时也不让这些漂浮物堵塞进水口，以确保机组正常运行。目前常用的主要拦污设备为进口处的拦污栅。

（1）拦污栅的布置及支承结构

拦污栅的立面布置可以是倾斜的也可以是竖直的，洞式和墙式进水口的拦污栅常布置成倾斜的，倾角为 60°~70°。这种布置的优点是过水断面大、易于清污；塔式进水口的拦污栅也可以布置成倾斜或竖直的，具体取决于进水口的结构形状；坝式进水口的拦污栅一般布置成竖直的。拦污栅的平面形状可以是平面的或多边形的（前者便于清污，后者可增大过水面），洞式和墙式进水口一般采用平面拦污栅，塔式和坝式进水口则两种均可采用，拦污栅平面布置结构简单，便于机械清污。拦污栅通常由钢筋混凝土框架结构支承，拦污栅框架一般由墩（柱）及横梁组成，墩（柱）侧面应留槽（拦污栅片插在槽内，上、下两端分别支承在两根横梁上，承受水压时相当于简支梁），横梁的间距一般应不大于 4m（间距过大会加大栅片的横断面，过小会减小净过水断面，增加水头损失），拦污栅框架顶部应高出需要清污时的相应水库水位。

（2）拦污栅栅片

拦污栅通常由若干块栅片组成，每块栅片的宽度一般应不超过 2.5m，高度应不超过 4m，栅片像闸门一样插在支承结构的栅槽中（必要时可一片片提起检修）。拦污栅的矩形边框通常由角钢或槽钢焊成，纵向的栅条则常由扁钢制成，上、下两端焊在边框上。拦污栅沿栅条的长度方向等距设置了几道带有槽口的横隔板（栅条背水的一边嵌入该槽口并加焊，这样不仅固定了位置也增加了其侧向稳定性），栅片顶部设有吊环。

（3）拦污栅设计

拦污栅设计工作包括过栅流速、栅条的厚度与宽度及栅条净距等。所谓过栅流速，是指扣除墩（柱）、横梁及栅条等各种阻水断面后按净面积计算出的流速，拦污栅总面积小则过栅流速大、水头损失大、漂浮物对拦污栅的撞击力大、清污也困难，拦污栅总面积大则会增加造价甚至会造成布置困难，因此为便于清污，过栅流速应以不超过 1.0m/s 为宜。当河流污物很少（或加设了粗栅、拦污浮排后使拦污栅前污物很少）而水电站引用流量又较大时，过栅流速可适当加大。拦污栅的栅条厚度及宽度应通过强度计算确定，常规尺寸为厚 8~12mm、宽 100~200mm。拦污栅的栅条净距 b 大则拦污效果差、水头损失小；相反若 b 小则拦污效果好、水头损失大。因此，拦污栅的净距应保证通过拦污栅的污物不会卡在水轮机过流部件中。通常情况下，混流式水轮机取 $b=D_1/30$、轴

流式水轮机取 $D_1/20$、冲击式水轮机取 $b=d/5$，其中 D_1 为转轮标称直径，d 为喷嘴直径。拦污栅最大净距不宜超过 20cm，最小净距不宜小于 5cm。拦污栅与进水口间的距离应不小于 D（洞径或管道直径），以保证水流平顺。拦污栅的总高度决定于库水位及清污要求，对于不要求经常清污的大型水库，拦污栅框架的顶部高程可做在汛前水位以上以便每年能有机会清理和维修拦污栅。对漂浮物多、需要经常清污的电站则拦污栅的顶部高程应高于清污的最高水位。拦污栅及支承结构的设计荷载主要有水压力、清污机压力、清污机自重、漂浮物（浮木及浮冰等）的冲击力、拦污栅及支承结构的自重等。拦污栅设计中的水压力是指拦污栅可能堵塞情况下，栅前、栅后的压力差（一般可取 4~5m 均匀水压力进行设计）。拦污栅栅片上、下两端支承在横梁上，栅条相当于简支梁，故设计荷载确定后就可求出其所需的截面尺寸。栅片的荷载传给上、下两根横梁，横梁受均布力，横梁、柱墩应按框架结构进行设计。

（4）拦污栅的清污及防冻设计

拦污栅被污物堵塞后水头损失会明显增大，因此拦污栅必须及时清污以免造成额外的水头损失。拦污栅堵塞不严重时清污方便，堵塞过多则过栅流速大、水头损失加大并会出现污物被水压力紧压在栅条上的情况，导致清污困难，有时甚至会造成被迫停机或发生压坏拦污栅的事故。拦污栅的清污方式有人工清污和机械清污两种。人工清污是用齿耙扒掉拦污栅上的污物一般用于小型水电站的浅水、倾斜拦污栅，大中型水电站常用清污机。拦污栅吊起清污方法可用于污物不多的河流，结合拦污栅检修工作同时进行，拦污栅吊起清污方法有时也用于污物（尤其是漂浮的树枝）较多、水下清污困难的情况（这种情况下可设两道拦污栅，一道吊出清污时，另一道可以拦污，以保证水电站正常运行）。在严寒地区要防止拦污栅封冻，如冬季仍能保证全部栅条完全处于水下，则水面形成冰盖后，下层水温高于 0℃，栅面不会结冰。如栅条露出水面则要设法防止栅面结冰，一种方法是在栅面上通过 50V 以下电流形成回路使栅条发热，另一种方法是将压缩空气用管道通到拦污栅上游面的底部后边，通过均匀布置的喷嘴中喷出，形成自下向上的夹气水流，将下层温水带至栅面并增加水流紊动、防止栅面结冰。

2. 闸门及启闭设备设计

为控制水流，进水口必须设置闸门，闸门可分为事故闸门和检修闸门。事故闸门的作用主要是当机组或引水道发生事故时，迅速切断水流，以防事故扩大，事故闸门通常悬挂于孔口上方，事故时要求在动水中可快速关闭（1~2min），闸门要求在静水中开启，即先用充水阀向门后充水，待闸门前后水压基本平衡后再开启闸门。由于引水道末端阀门会漏水，特别是水轮机导叶漏水量较大，所以事故闸门应能在 3~5m 水压下开启。事故闸门一般为平板门，其启闭设备可采用固定式卷扬启闭机或油压启闭机（应每个闸门配置一套以便随时操作闸门，闸门操作应尽可能自动化并能调出检修）。检修闸门通常设在事故闸门上游侧，作用是在进行事故闸门及其门槽检修时用以堵水，检修闸门一般采用平板闸门（中小型电站也可以采用叠梁门），检修闸门要求在静水中启闭并且几个进水口可以共用一套检修闸门（可用移动式或临时启闭设备启闭），平时检修闸门应存放在贮门室内。

3. 通气孔

通气孔通常设在有压进水口的事故闸门之后，其作用是当引水道充水时用以排气，当事故闸门紧急关闭放空引水道时用以补气，以防出现有害真空。若闸门为前止水布置则可利用事故闸门竖井兼作通气孔，若闸门为后止水则必须设专门的通气孔。通气孔内应设爬梯（兼作进入孔）。通气孔的面积取决于事故闸门关闭时的进气量，进气量的大小一般取引水道的最大引用流量，进气量除以允许进气流速为通气孔的面积。即

$$A = \frac{Q_a}{V_a}$$

式中，Q_a 为空气进气量（即采用引水道的最大引水流量），m³/s；V_a 为允许空气流速，m/s。允许进气流速与引水道的形式有关，露天式管道进水口进气流速一般可取 30~50m/s，坝内管道和隧洞可取 70~80m/s。根据工程实践经验，为简便起见，发电引水道工作闸门或事故闸门后的通气孔面积可取管道面积的 5% 左右，通气孔顶端应高出上游最高水位（以防水流溢出）。

4. 充水阀

充水阀的作用是开启闸门前向引水道充水以平衡闸门前后水压（以方便在静水中开启闸门，从而减小闸门启闭力），充水阀的尺寸可根据充水容积、下游漏水量及要求的充水时间确定，坝式进水口应设旁通管（管的上游通至上游坝面，下游通到事故闸门之后，旁通管应穿过坝体廊道并在廊道内设充水阀）。另一种方法是将充水阀设置在平板门上并利用闸门拉杆启闭。闸门关闭时，在拉杆及充水阀重量的共同作用下关闭充水阀；开启闸门前，先将拉杆吊起 20cm 左右，这时充水阀开启（闸门门体未提起）并开始向引水道充水，充水完毕再提起闸门。

三、水电站无压进水口及沉沙池设计

（一）水电站无压进水口设计的基本要求

水电站无压进水口内水流为明流，以引表层水为主，进水口后一般接无压引水道。无压进水口适用于无压引水式电站，作用是控制水量与水质，并保证使发电所需水量以尽可能小的水头损失进入渠道。水电站无压进水口设计包括进水口位置、拦污设施以及拦沙、沉沙、冲沙设施等内容。

1. 进水口位置设计

正确地选择进水口的位置可以使水流平顺、水头损失减少，同时还可以减轻泥沙和冰凌的危害。无压进水口上游一般无大水库，河中流速较大（尤其是洪水期），泥沙、污物等可顺流而下直抵进水口前，这种平面上的回流作用常使漂浮物堆积于凸岸，剖面上的环流作用则将底层泥沙带向凸岸，而使上层清水流向凹岸。因此，进水口应布置在河流弯曲段凹岸。

2. 拦污设施设计

进水口一般均设拦污栅或浮排以拦截漂浮物。当树枝、草根等污物较多时可设粗、细两道拦污栅，当河中漂木较多时则可设胸墙拦阻漂木。

3. 拦沙、沉沙、冲沙设施设计

水电站无压进水口应能防止有害泥沙进入引水道（以免淤积引水道、降低过流能力以及磨损水轮机转轮和过流部件等）。水电站无压进水口前常设拦沙坎以截住沿河底滚动的推移质泥沙（并通过冲沙底孔或廊道将其排至下游）。

（二）沉沙池设计的基本要求

多泥沙河流水电站为避免大颗粒泥沙进入水轮机，通常在无压进水口后修建沉沙池。沉沙池的基本原理是通过加大过水断面并借助分流墙或格栅形成均匀的低速区以减小水流挟沙能力从而使有害泥沙沉积在池内而让清水进入引水道。沉沙池内水流平均流速一般宜为 $0.25 \sim 0.70 \text{m/s}$（具体可视有害泥沙粒径确定），沉沙池要有足够的长度以确保沉沙效果。沉沙池内沉积的泥沙要及时排除（可采用冲沙廊道冲沙，冲沙方式通常有连续冲沙、定期冲沙及机械排沙三种）。定期冲沙的沉沙池，当泥沙淤积到一定深度时可关闭池后进入引水渠的闸门、打开冲沙道的闸门以降低池中水位，然后向原河道中冲沙。为不影响发电可将沉沙池做成数个并列的沉沙道定期轮换冲沙。机械排沙则是指用挖泥船等排除沉积的泥沙。

第二节　水电站引水道建筑物设计

一、水电站引水道的特点及设计要求

水电站引水道的作用是集中落差、形成水头、将水流输送到水电站厂房，然后将发电后的水流（称为尾水）排到原河道。引水道大致可分为无压引水道和有压引水道两大类。无压引水道的特点是具有自由水面，引水道承受的水压不大，适用于无压引水式水电站（其河道或水库的水位变化不大），无压引水道最常用的结构形式是渠道和无压隧洞。渠道常沿山坡等高线布置，由于受地形及地质条件制约，其长度和开挖工程量一般较大且运行期内要经常进行维护、修理，但由于其在地表面施工，故比较方便，中、小型电站常采用渠道引水方式。某些特殊情况下（比如遇到崎岖山坡等）可能无法沿着不规则的等高线布置引水道，故对较深的峡谷可采用渡槽越过；对较浅的峡谷则可用倒虹吸穿越；而对山岭则采用无压隧洞穿过。有压引水道的特点是引水道内为压力流，承受的水压力较大，适用于有压引水式水电站（其河道或水库水位变幅较大），有压隧洞是有压引水道最常用的结构形式（它可以利用岩体承受内水压力和防止渗漏），有压引水道在很特殊情况下可采用压力管道。

（一）水电站引水渠道设计

1. 水电站引水渠道设计的基本要求

水电站的引水渠道与一般灌溉和供水渠道不同。电网中一天负荷变化很大，水电站一般起调峰作用，其引用流量随负荷变化而变化，因此，通常将水电站的引水渠道称为动力渠道。水电站引水渠道应满足以下三方面基本要求。①即输水能力足够，当电站负荷发生变化时，机组的引用流量也会随之变化。为使引水渠道能适应由于负荷变化而引起的流量变化要求，渠道必须有合理的纵坡和过水断面。一般可按水电站的最大引用流量设计。②水质符合要求，即应防止有害污物和泥沙进入渠道，渠道进口、沿线及渠末都要采取拦污、防沙、排沙措施。③运行安全可靠，即应尽可能减少输水过程中的水量和水头损失，故渠道要有防冲、防淤、防渗漏、防草、防凌等功能。渠道内水流速度要小于不冲流速而大于不淤流速，渠道的渗漏要限制在一定范围内（过大的渗漏不仅会造成水量损失而且会危及渠道安全），渠道中长草会增大水头损失、降低过水能力（故在易长草季节应维持渠道中的水深大于1.5m及流速大于0.6m/s，这样可抑制水草的生长），渠道中加设护面既可减小糙率又可防渗、防冲、防草并有利于维护边坡稳定、保证电站出力（但工程造价会相应增加）。严寒季节水流中的冰凌会堵塞进水口的拦污栅，为防止冰凌的生成可暂时降低水电站出力，使渠道流速小于0.45~0.60m/s并迅速形成冰盖（为了保护冰盖，渠内流速应限制在1.25m/s以下并应防止过大的水位变动）。在进行水电站引水渠道线路选择时，主要应考虑沿线的地质和地形条件（一般应选择在岩体稳定性较好、渗透性和风化较弱的区域），下列五种情况下不宜选择无压引水渠道方案，包括山坡不稳定、山坡过陡、渠道以上的山坡有不稳定山体（或常有石块滚落下来）、有可能发生雪崩部位、气候严寒且冰冻期较长（渠中水流有冰冻的可能），在遇到上述这些问题时可采用相应的工程措施（比如将渠道局部封闭等）。

2. 水电站引水动力渠道的类型

目前，水电站引水动力渠道大致有非自动调节渠道和自动调节渠道两类。

（1）非自动调节渠道

非自动调节渠道的渠顶大致平行渠底，渠道的深度沿途不变，在渠道末端的压力前池中设有泄水建筑物（溢流堰）。当水电站的引用流量等于渠道设计流量时，水流处于均匀流状态、水面线平行渠底、渠内为正常水深、压力前池水位低于堰顶，当电站引用流量小于渠道设计流量时水面线为雍水曲线、水位超过堰顶并开始溢流，当水电站引用流量为零时通过渠道的全部流量泄向下游。非自动调节渠道的优点是渠顶能随地形变化而变化，当渠道较长、底坡较陡时工程量比较小，溢流堰可限制渠末的水位以保证向下游供水。非自动调节渠道的缺点是若下游无用水要求而进口闸门又不能及时关闭时会造成大量无益弃水。

（2）自动调节渠道

自动调节渠道的渠道首部堤顶和尾部堤顶的高程基本相同并高出上游最高水位，渠道断面向下游逐渐加大，渠末不设泄水建筑物。当水电站的引用流量为零时，渠道内水位是水平的且渠道不会发生漫流和弃水现象，当水电站引用流量小于渠道设计流量时渠道内出现用水曲线，当水电站引用流量大于渠道设计流量时渠道内为降水曲线。自动调节渠道在最高水位和最低水位之间有一定的容积，从而能够在一定程度上起到自动调节的作用，为电站适应负荷变化创造了条件（但工程量较大）。

（3）渠道的断面尺寸

水电站引水渠道一般在山坡上采用挖方、回填或半挖半填的方式修建，其断面形状也多种多样（有梯形、矩形等，以梯形最为常见）。水电站引水渠道边坡坡度取决于地质条件及衬砌情况，在岩石中开凿出来的渠道边坡可近于垂直而成为矩形断面，在选择断面形式时应尽力满足水力最佳断面，同时还要考虑施工、技术方面的要求，应确定合理实用的断面。确定水电站引水渠道断面尺寸时，首先应在满足防冲、防淤、防草等技术条件基础上拟定几个可能的方案，然后经过动能及经济比较选出最优方案（经过动能及经济计算后得到的渠道断面 F_e 称为经济断面）。我国的工程实践表明，渠道的经济流速 V_e 大致为 1.5~2.0m/s，故可根据 $F_e=Q_{max}/ye$，粗略估算渠道的基本参考尺寸。

（二）水电站引水隧洞设计

发电隧洞是水电站最常见的输水建筑物之一。发电隧洞按作用的不同，可分为引水隧洞和尾水隧洞；根据隧洞工作条件的不同，又可分为有压隧洞和无压隧洞。发电引水隧洞多数是有压的，而尾水隧洞则以无压洞居多。

1. **发电隧洞路线选择**

发电隧洞的线路选择是水电站设计中的重要内容，关系到隧洞的造价、施工难易、施工安全、工程进度和运用可靠性等。发电隧洞线路选择要和进水口、调压室、压力管道及厂房位置联系起来综合考虑，必须在认真勘测的基础上拟订各种不同方案，经过技术经济比较后确定最终方案。在满足水电站枢纽总体布置前提下，隧洞线路布置的总原则是："洞线短、弯道少，沿线工程地质、水文地质条件好，便于布置施工平洞"。

（1）地形条件要求

隧洞进出口处地形宜陡，进出口段应尽量垂直地形等高线，其洞顶围岩厚度应不小于1.0倍开挖洞径，洞身的埋藏深度应满足洞顶以上围岩重量大于洞内静水压力的要求（拟利用围岩抗力时围岩厚度应不小于3.0倍开挖洞径），要利用山谷等有利地形布置施工支洞。

（2）地质条件要求

隧洞线路应布置在地质构造简单、山岩比较完整坚固、山坡稳定的地区，应尽量避开不利的地质构造（比如断层、破碎带和可能发生滑坡的不稳定地段），同时应尽量避开山岩压力很大、渗水量很大的岩层。当洞线与岩层、构造断裂面及主要较弱带相交时其夹角应尽量靠近90°，在整体块状结构的岩体中其夹角不宜小于30°，在层状岩体中（特别是层间结合疏松的高倾角薄岩层）其夹角不宜小于45°。隧洞的进出口在开挖时易于塌方，在运用中也容易受地震破坏，因此应选择覆盖或风化层浅、岩石比较坚固完整的地段，以避免施工和运用中发生塌方、堵塞洞口的事故（如果无法避开则可以通过结构设计和施工措加以改善）。

（3）施工条件要求

对于长隧洞，洞线选择时还应考虑设置施工支洞问题，以便增加施工工作面、改善施工条件、加快施工进度，有压隧洞要设0.3%~0.5%的纵坡以利于施工排水及放空隧洞。

（4）水利条件要求

发电隧洞洞线应尽可能直，应少转弯（必须转弯时其弯曲半径一般应大于5倍洞径且转角不宜大于60°）以使水流平顺并减小水头损失。

2. **发电隧洞的水力计算**

有压隧洞的水力计算包括恒定流及非恒定流两种。恒定流计算的目的是研究隧洞断面、引用流量及水头损失之间的关系以便确定隧洞尺寸。非恒定流计算的目的是求出隧洞沿线各点的最大、最小内水压力值。首先求出调压室内的最高及最低水位，水库水位与调压室内的最高水位的连线即为隧洞的最大内水压力坡降线（据此可确定隧洞衬砌的设计水头），水库的低水位与调压室最低水位的连线即为隧洞最小内水压力坡降线，隧洞顶各点高程应在最低压坡线之下并有1.5~2.0m的压力余幅（以保证洞内不出现负压）。当隧洞末端无调压室时其非恒定流计算即为水击计算。应避免在隧洞中出现时而无压时而有压的不稳定工作状态。

3.发电隧洞的断面尺寸设计

发电隧洞常见的隧洞断面形式有圆形、城门洞形、马蹄形及高拱形四类。有压隧洞常采用圆形断面。无压隧洞当地质条件良好时，通常可采用城门洞形，若洞顶和两侧围岩不稳则可采用马蹄形，若洞顶岩石很不稳定则应采用高拱形。发电隧洞的断面尺寸应根据动能及经济计算选定，不太重要的工程常可借助经济流速控制（根据经验，有压隧洞的经济流速 K 一般在 4m/s 左右，求出值即可求得经济断面）。

二、水电站压力前池与日调节池的设计

水电站压力前池应设置在引水渠道或无压隧洞的末端，是水电站无压引水建筑物与压力管道的连接建筑物。

（一）压力前池的作用

压力前池的作用主要有以下四个方面：

1.平稳水压、平衡水量

当机组负荷发生变化时，引用流量的改变会使渠道中的水位产生波动，由于前池有较大的容积，可减少渠道水位波动的振幅、稳定发电水头。另外，前池还可起到暂时补充不足水量和容纳多余水量的作用，以适应水轮机流量的改变。

2.均匀分配流量

从渠道中引来的水经过压力前池能够均匀地分配给各压力管道，管道进口应设控制闸门。

3.拦阻污物和泥沙

前池设有拦污栅、拦沙、排沙及防凌等设施，可防止渠道中漂浮物、冰凌、有害泥沙进入压力管道以保证水轮机正常运行。

（二）压力前池的组成

压力前池由前室（池身及扩散段）、进水室及设备、溢水建筑物、放水和冲沙设备、拦冰和排冰设备等组成。

1.前室（池身及扩散段）

压力前池前室是渠末和压力管道进水室间的连接段，由扩散段和池身组成。扩散段可保证水流平顺地进入前池并减少水头损失。池身的宽度和深度受高压管道进口的数量和尺寸控制（以满足进水室要求）。

2. 进水室及其设备

压力前池进水室是指压力管道进水口部分（通常采用压力墙式进水口），进口处设有闸门及其控制设备、拦污栅、通气孔等设施。

3. 溢水建筑物

当水电站以较小的流量工作或停机时多余的水量会由溢水建筑物泄走（以防止前池水位漫过堤顶并保证向下游供水）。溢水建筑物一般由溢流堰、陡槽和消能设施等组成。溢流堰应紧靠前池布置，其形式可分为正堰和侧堰两种。溢流堰堰顶一般不设闸门（水位超过堰顶时前池内的水就自动溢流）。

4. 放水和冲沙设备

从引水渠道带来的泥沙会沉积在前室底部，因此在前室的最低处应设冲沙道并在其末端设控制闸门（以便定期将泥沙排至下游）。冲沙道可布置在前室的一侧或在进水室底板下做成廊道。冲沙孔的尺寸一般应不小于 $1m^2$，廊道的高度应不小于 0.6m，冲沙流速通常应为 2~3m/s。冲沙孔有时可兼做前池的放水孔（以便在前池检修时用来放空存水）。

5. 拦冰和排冰设备

排冰道只有在北方严寒地区才设置，排冰道的底板应在前池正常水位以下并用叠梁门进行控制。

（三）压力前池的布置原则

压力前池的布置与引水道线路、压力管道、电站厂房及本身的溢水建筑物等有密切联系，因此，应根据地形、地质和运行条件结合整个引水系统及厂房布置进行全面和综合的考虑。前池的整体布置应使水流平顺、水头损失最少（以提高水电站的出力和电能），前池的整体布置应能使渠道中心线与前池中心线平行或接近平行，前室断面应逐渐扩大，平面扩散角不宜大于 10°，前池底部坡降的扩散角也不大于 10% 前池应尽可能靠近厂房以缩短压力管道的长度，前池中的水流应均匀地向各条压力管道供水（以使水流平顺、无漩涡发生），前池在运行方面应力求清污、维护、管理方便（同时还应使泄水与厂房尾水不发生干扰）。前池应建在天然地基的挖方中，而不应设置在填方或不稳定地基上，以防由于山体滑坡和不均匀沉陷导致前池及厂房建筑物的破坏。

（四）日调节池设计

担任峰荷的水电站一日之内的引用流量在 0 与 Q_{max} 之间变化，而渠道是按 Q_{max} 设计的，因此一天内的大部分时间中渠道的过水能力得不到充分利用。另外，由于引用流量的变化，在渠道中会引起水位波动。为了进行日调节可在渠道下游合适的地方修建日调节池（它可以用人工开挖，也可用筑堤围建方法建成）。日调节池与压力前池之间的渠道按 Q_{max} 设计而日调节池上游一段渠道则应按日平均流量设计，这样渠道断面可以减小。当水电站引用流量大于日平均流量时其不足水量可从日调节池中获取（日调节池中水位随之下降），当水电站引用流量小于日平均流量时日调节池储蓄部分水量（池中水位回升），这样可减少前池水位的剧烈波动。因此，在一定条件下设置日调节池可降低渠道的投资和改善水电站的运行条件。

第三节 水电站压力管道设计

一、水电站压力管道的功用、类型

水电站压力管道是从水库、压力前池或调压室向水轮机输送水量的水管，一般为有压状态。水电站压力管道的特点是集中了水电站大部分或全部的水头，坡度较陡、内水压力不同时还要承受动水压力的冲击（水击压力）。另外，因其靠近厂房，一旦发生破坏会严重威胁厂房安全。鉴于以上叙述，水电站压力管道是极具特殊重要性的器件，故对其材料、设计方法和加工工艺等都有许多特殊要求。压力管道的主要荷载为内水压力，管道的内直径 D（m）和其承受的水头 H（m）及其乘积（HD 值）是标志压力管道规模及技术难度的重要参数，目前最大直径的钢管是巴基斯坦塔贝拉水电站第三期扩建工程的隧洞内明敷钢管（直径 13.26m）。HD 值很高的水电站压力管道多见于抽水蓄能电站（目前最高值已超过 5000m²）。

水电站压力管道可按布置形式和所用材料的不同进行分类，明管适用于引水式地面厂房，地下埋管多为引水式地面或地下厂房采用，混凝土坝身管道则只能在混凝土坝式厂房中使用。由于钢材强度高、防渗性能好，故钢管或钢衬混凝土衬砌管道主要用于中、高水头水电站，而钢筋混凝土管则适用于普通中、小型水电站。

（一）钢管

用作水电站压力管道的钢管按其自身的结构可分为无缝钢管、焊接钢管、箍管三类。无缝钢管直径较小，适用于高水头小流量的情况。焊接钢管适用于较大直径的情况，焊接钢管通常是由弯成圆弧形的钢板焊接而成。当 $HD > 1000m^2$ 时，钢板厚度一般会超过 40mm，此时加工比较困难，故在这种情况下常采用箍管，箍管是在焊接管或无缝钢管外套以无缝的钢环（钢箍，称为加劲环）制成的，箍管可使管壁和钢箍共同承受内水压力，因此可以减小管壁钢板的厚度。用作水电站压力管道的钢管所使用的钢材应根据钢管结构形式、钢管规模、使用温度、钢材性能、制作安装工艺要求以及经济性等因素参照相关设计规范选定。

（二）钢筋混凝土管

用作水电站压力管道的钢筋混凝土管具有造价低、刚度较大、经久耐用等多种优点，通常主要用于内压不高的中、小型水电站。用作水电站压力管道的各类钢筋混凝土管，除了普通的钢筋混凝土管外，还有预应力钢筋混凝土管、自应力钢筋混凝土管、钢丝网水泥管、预应力钢丝网水泥管等。普通钢筋混凝土管适用于 $HD < 50m^2$ 的情况，预应力和自应力钢筋混凝土管的 HD 可达到 $200m^2$，而预应力钢丝网水泥管因其抗裂性能好，HD 可超过 $300m^2$。

（三）钢衬钢筋混凝土管

用作水电站压力管道的钢衬钢筋混凝土管是在钢筋混凝土管内衬钢板制成的，在内水压力作用下钢衬与钢筋混凝土联合受力（从而可以减小钢板的厚度），用作水电站压力管道的钢衬钢筋混凝土管适用于 HD 较高的情况，由于钢衬可以防渗、外包的钢筋混凝土允许开裂，故该类管道有利于充分发挥钢筋的作用。

二、水电站压力管道的线路选择及尺寸拟定

（一）水电站压力管道的供水方式

目前，水电站通过压力管道向多台机组供水的方式主要有三种，即单元供水、联合供水及分组供水。水电站压力管道钢管的首部快速闸门（阀）和事故闸门（阀）必须在中央控制室和现场设置操作装置并要求有可靠的电源为其供电。

1. 单元供水

即单管单机工况，其特点是每台机组都有一条压力管道供水、不设下阀门。其优点是结构简单（无岔管）、工作可靠、灵活性好（当某根管道检修或发生事故时只影响一台机组工作，其他机组照常工作），另外，单元供水的管道易于制作（无岔管）。其缺点是管道在平面上所占尺寸大、造价高。单元供水方式适用于单机流量大或长度短的地下埋管或明管（混凝土坝身管道也常采用这种供水方式）。

2. 联合供水

即一管多机工况，其特点是一根主管向多台机组供水，在厂房前分岔，在进入机组前的每根支管上设快速阀门。其优点是单管规模大、分岔管多、布置容易。其缺点是造价较高，另外，一旦主管道检修或发生事故需全厂停机。联合供水方式适用于单机流量

小、机组少、引水管道较长的引水式水电站（原因是地下埋管中开挖距离相近的几根管井多有一定困难，故常采用这种方式）。

3. 分组供水

即多管多机工况，其特点是设多根主管，每根主管向数台机组供水，在进入机组前的每根支管上设有快速阀门。其优点介于上面两种供水方式之间，适用于压力水管较长、机组台数多、单机流量较小的地下埋管和明管。

（二）水电站压力管道明管布置的基本方式

水电站压力管道与主厂房的关系主要取决于整个厂区枢纽布置中各建筑物的布置情况，目前常采用的明敷钢管引近厂房的方式有三种，即正向引近、纵向引近及斜向引近。

1. 正向引近

管道的轴线与电站厂房的纵轴线垂直。其工作特点是水流平顺、水头损失小、开挖量小、交通方便，其缺点是钢管发生事故时会直接危及厂房安全。正向引进适用于中、低水头电站。

2. 纵向引近

管道的轴线与电站厂房的纵轴线平行。其工作特点是一旦钢管破裂时可以避免水流直冲厂房，其缺点是水流条件不太好、增加了水头损失且开挖工程量较大。纵向引进适用于高、中水头电站。

3. 斜向引近

其管道的轴线与电站厂房的纵轴线斜交。其工作特点介于上述两种布置方式之间。斜向引进常用于分组供水和联合供水的水电站。

（三）水电站压力管道线路选择的基本要求

水电站压力管道的线路选择应结合引水系统中其他建筑物（前池、调压室）和水电站厂房的布置统一考虑，应选择在地形和地质条件均优越的地段。明敷钢管线路选择的一般原则有以下四点。①管道路线应尽可能短而直接降低造价、减少水头损失、降低水击压力、改善机组运行条件。因此，地面压力管道一般应敷设在陡峻的山脊上；②应选择良好的地质条件，通常要求山体应稳定、地下水位要低，应避开山崩、雪崩以及沉陷量很大的地区和洪水集中的地区，应避开村镇居民区和交通道路等。若无法满足上述要求则要有切实可行的防护措施，若不能避开村镇居民区还要考虑工程对环境的影响；③应尽量减小管道线路的上下起伏和波折，并避免出现负压，需要在平面上转弯时其转弯半径可采用2~3倍管道直径（D），并应尽量避免与其他管道或交通道路交叉；④水头高、线路长的管线要满足钢管运输安装以及运行管理、维修等方面的交通要求。另外，为避免钢管一旦发生意外事故时危及电站设备和人身安全，还需要设置事故排水和防冲工程设施，遇到与水渠、道路、输电线、通信线路等交叉情况时，要设置必要的交叉建筑物和防护设施，通常情况下要沿管线设置交通道路并应有照明设施（应根据工程具体情况在交通道路沿线设置休息平台、扶手栏杆、越过钢管的爬梯或管底通道等）。对地下埋管，其线路也应选择在地质和地形条件优越的地区，岩石应尽量坚固、完整并要有足够的上覆岩石厚度以利用围岩承担内水压力，埋管轴线要尽量与岩层构造面垂直并避开活动断层、滑坡、地下水压力和涌水量很大的地带（以避免钢衬在外水压力作用下失稳），同时还应注意施工方面的便利性，其进水口应选择在相对优良的地段，若选用多根管道，相邻管道间的岩体要满足施工期和运行期的稳定及强度要求。

三、水电站明敷钢管的敷设方式及附件

（一）水电站明敷钢管的敷设及支承方式

由于水电站明敷钢管一般长度都很长，所以常需分段敷设，即在直线段每隔120~150m 或在钢管轴线转弯处（包括平面转弯和立面转弯）设置镇墩以固定钢管（以防止钢管发生位移）。在两镇墩间应设置伸缩节（其作用是当温度发生变化时管身可以自由伸缩从而减小温度应力）。伸缩节一般应放在镇墩的下游侧。镇墩之间的管段应用一系列等间距的支墩支承，支墩的间距应通过钢管应力分析确定（并应考虑钢管的安装条件、地基条件和支墩形式，且应经技术经济比较后确定）。靠近伸缩节的一跨其支墩间距可缩短一些。管身距地应不小于 60cm（以便于维护和检修）。

1. 镇墩

镇墩的作用是靠本身的质量固定钢管并承受因水管改变方向而产生的轴向不平衡力以防止水管产生位移。镇墩通常由混凝土浇制而成，混凝土强度等级一般应不低于C15，寒冷地区的墩底基面应深埋在冻土线以下。常见镇墩有封闭式和开敞式两种形式。

（1）封闭式

封闭式镇墩的钢管埋在封闭的混凝土体中，镇墩表层需布置温度筋，钢管周围应设置环向筋和一定数量锚筋。这种布置方式结构简单、节约钢材、固定效果好，故应用较广泛。

（2）开敞式

开敞式镇墩利用锚栓将钢管固定在混凝土基础上，镇墩处管壁受力不均匀、锚环施工复杂，其优点是便于检查、维修。目前这种镇墩在我国已很少采用。

2. 支墩

支墩的作用是承受水重和管重的法向分力（相当于连续梁的滚动支承），支墩允许

水管在温度变化时轴向自由移动，目前按支墩上的支座与管身相对位移特征的不同，有以下三种形式。

（1）滑动式支墩

钢管发生轴向伸缩时会沿支座顶面滑动。滑动式支墩又可分为无支承环鞍形支墩、有支撑环鞍形支墩和有支撑环滑动支墩三种。无支承环鞍形支墩，是将钢管直接支承在一个鞍形混凝土支座上，其包角 β 在 90°~120° 之间。为减少管壁与支座间的摩擦力，可在支座上铺设钢板并在接触面上加润滑剂，这种支墩结构简单但管身受力不均匀、摩擦力大，这种支墩结构适用于管径 1m 以下的钢管。有支撑环滑动支墩，其支承环放在金属的支承板上，其比前两种支墩的摩擦力更小，适用于管径 l~3m 的钢管。

（2）滚动式支墩

滚动支墩在支承环与墩座之间加了圆柱形辐轴，钢管发生轴向伸缩时辐轴滚动（摩擦系数约为 0.1），适用于竖向荷载较小而管径大于 2m 的钢管。

（3）摆动式支墩

摆动支墩在支承环与支承面之间设置了一个摆动短柱（短柱下端与支承板铰接，上端以圆弧面与支承环的承板接触），当钢管沿轴向伸缩时短柱以绞为中心前后摆动（其摩擦力很小，故能承受较大的竖向荷载），摆动支墩适用于管径大于 2m 的钢管。

（二）水电站明敷钢管上的闸门和附件形式

1. 水电站明敷钢管上的闸门及阀门选择

在水电站压力水管的进口处一般都设置有平板闸门（以便在压力管道发生事故或检修时切断水流），平板闸门价格便宜、构造简单、制造便利，故常被用来代替阀门。对上游有压力前池或调压室的明管，为在发生事故时能紧急关闭和检修放空水管的需要，通常在钢管进口处一般也要设置闸门（闸门应装在压力前池或调压室内）。阀门一般应设置在紧靠压力管道的末端（即水轮机蜗壳进口处的钢管上）。在分组供水和联合供水时为避免一台机组因检修而影响其他机组的正常运行（或在调速器、导水叶发生故障时紧急切断水流）防止机组产生飞逸，应在每台机组前设置阀门（通常称为下阀门）。坝内埋管长度较小时只需在进口处设置闸门而不必设下阀门。有时虽是单独供水但水头较高、容量较大时也要设下阀门。水电站压力水管阀门的常见类型有平板阀、蝴蝶阀、球阀三种。

（1）平板阀

平板阀由框架和板面构成，阀体在门槽中的滑动方式与一般的平板闸门相似。平板阀一般借助电动或液压操作。这种阀门止水严密、运行可靠，但需要很大的启闭力且动作缓慢，易产生汽蚀，常用于直径较小的水管。

（2）蝴蝶阀

蝴蝶阀通常由阀壳和阀体组成。阀壳为一短圆筒，阀体形似圆盘（在阀壳内绕水平或垂直轴旋转），阀门关闭时阀体平面与水流方向垂直，开启时阀体平面与水流方向一致。蝴蝶阀的操作有电动和液压两种（前者用于小型水电站，后者用于大型水电站）。这种阀门启闭力小、操作方便迅速、体积小、重量轻、造价较低。但它也存在自身的缺点在开启状态时由于阀门板对水流的扰动会造成附加水头损失以及阀门内出现汽蚀现象；在关闭状态时止水不严密，不能部分开启。蝴蝶阀适用于大直径、水头不高的情况。目前，蝴蝶阀应用最广（最大直径可达 8m 以上，最大水头可达 200m），蝴蝶阀可在动水中关闭但必须用旁通管平压后在静水中开启。

（3）球阀

球阀通常由球形外壳、可旋转的圆筒形阀体及其他附件组成。当阀体圆筒的轴线与水管轴线一致时阀门处于开启状态，若将阀体旋转 90°而使圆筒一侧的球面封板挡住水流通路，则阀门处于关闭状态。球阀的优点是在开启状态时实际上没有水头损失，止水严密，结构上能承受高压。球阀的缺点是尺寸、重量重、造价高。球阀适于用作高水头电站的水轮机前阀门。球阀是在动水中关闭的但需用旁通阀平压后在静水中开启。

2. 水电站明敷钢管的主要附件

水电站明敷钢管的主要附件包括伸缩节、通气阀、进入孔、旁通阀、排水设施等。

（1）伸缩节

露天式压力钢管受到温度变化或水温变化影响时，为使管身能沿轴线自由伸缩，以消除温度应力且适应少量不均匀沉陷的环境，常在上镇墩的下游侧设置伸缩节。对伸缩节的基本要求是能随温度变化自由伸缩，能适应镇墩和支墩的基础变形而产生的线变位和角变位，并应留有足够余度。伸缩节的形式较多，较常见的有套筒式伸缩节、压盖式限拉伸缩节、波纹管伸缩节、波纹密封套筒式伸缩节等。设在阀门处的伸缩节应便于阀门的拆卸并允许其产生微小的角位移。

（2）通气阀

通气阀常布置在阀门之后，当阀门紧急关闭时水管中的负压使通气阀打开向管内充气以消除管中负压，水管充水时管中空气从通气阀中排出，然后再关闭阀门。

（3）进入孔

为方便检修工作，通常应在钢管镇墩的上游侧设置进入孔，进入孔间距一般为 150m（不宜超过 300m），进入孔为圆形或椭圆形，其直径（或短轴）一般应不小于 45cm 为保证正常运行期间不漏水，进入孔盖与外接套管之间要设止水盘根。

（4）旁通阀

旁通阀通常设在水轮机进水阀门处，作用是使阀门前后平压后开启以减小启闭力。

（5）排水设施

在压力水管的最低点通常应设置排水管，其作用是在检修水管时用于排出管中的积水和渗漏水。

另外，对严寒地区的明敷钢管还应有防止钢管本身及其附件结冰的保温措施。

四、分岔管设计

采用联合供水或分组供水（即一根管道需要供应两台或更多机组用水）时，需要设置分岔管，这种岔管通常位于厂房上游侧（其作用是分配水流）。有时，一条压力引水道需要分成两根以上的压力管道时也需分岔管（分岔管通常位于调压井底部或调压井下游）。几台机组的尾水管往往在下游合成一条压力尾水洞，汇合处也需分岔管（不过水流方向相反）。上、下游压力引水道上的分岔管往往尺寸较大，但内压较低。目前，我国已经建成的水电站岔管大多数属于地下岔管且大多按明管设计（即不考虑周围岩体的分担荷载）。下面以厂房前的分岔管为例介绍分岔管的设计方法。

（一）分岔管设计的基本要求

一般来说，岔管的水流条件较差，引起的水头损失也较大。另外，岔管由薄壳和刚度较大的加强构件组成，其管壁厚、构件尺寸大（有时需锻造）、焊接工艺要求高、造价也较高。由于岔管受力条件差且所承受的静、动水压力最大并靠近厂房，因此其安全性十分重要。从设计和施工角度来讲，岔管应满足以下五条基本要求：①运行安全可靠。②水流平顺、水头损失小并应避免涡流和振动，试验研究表明当水流通过岔管各断面的平均流速接近相等或水流缓慢加速（分岔前断面积大于分岔后面积之和）时可避免涡流并减少水头损失，分岔管宜采用锥管过渡（半锥角一般取 5°~10°）并宜采用较小的分岔角 β（常用范围为 45°~60°）且岔裆角 γ 和顺流转角 θ 也宜采用较小值（但上述各项要求有时是互相矛盾的，比如增加 a_2 可减小 θ 但又会使 γ 加大，因此，需要全面考虑后合理选择。③结构合理简单、受力条件好并不产生过大的应力集中和变形。④制作、运输、安装方便。⑤经济合理。以上水力学条件和结构、工艺的要求也常常互相矛盾（比如分岔角越小对水流越有利，但此时主支管相互切割的破口也越大，故对结构不利而且会增加岔裆处的焊接难度）。低水头电站应更多地考虑减少水头损失问题，高水头电站有时为使结构合理简单，可以容许水头损失稍大一些。

（二）岔管的布置形式

岔管的典型布置有三种形式，即卜形布置，Y 形布置和三叉形布置。如果要从主管中分出一支较小的岔管（或者两条支管的轴线因故不能作对称布置）时可以采用不对称的卜形布置。对称 Y 形布置，用于主管分成两个相同的支管（比如一管两机等）。三岔形布置，用于主管直接分成三个相同的支管。若机组台数较多还可采用对称 Y 形——非对称 Y 形或对称 Y 形——三岔形组合布置。目前，我国已建钢岔管的布置形式中卜形布置居多，其原因除了卜形布置灵活简便外，还由于以往建造的钢岔管规模较小，采用贴边岔管较多的实际情况比较适合于卜形布置。岔管的主、支管中心线宜布置在同一平面内以使结构简单。主、支管管壁的交线称为相贯线，由于在相贯线处主支管互相切割，故常需要沿相贯线用构件加强，为便于加强构件的制造和焊接通常多希望相贯线是平面曲线。如果主、支管的直径相差较大（或因其他原因）使主、支管供切于一个球有困难则相贯线将位于曲面上，沿相贯线的加强构件将是一个曲面构件，此时，计算、制造、安装等都比较困难。

（三）岔管的结构形式

目前岔管的主要结构形式有三梁岔管、内加强月牙肋岔管、贴边式岔管、球形岔管、无梁岔管等。我国 20 世纪 50 年代建造的岔管，由于其尺寸及内压均不大故多为贴边式。20 世纪 60 年代，由于国内高水头电站的出现使梁式岔管应用增多。后来，随着钢管规模的增大，大直径、高内压的三梁岔管制作安装困难越来越大且技术经济指标逐渐下降，故开始采用月牙肋岔管（少数工程还采用了球形岔管和无梁岔管）。

1. 三梁岔管

在压力钢管的分岔处由于管壳相互切割已不再是一个完整的圆形，在内水压力作用下管壁所承担的环向拉应力无法平衡，这样在主管与支管及支管间的相贯线上作用着主、支管壳体传来的环向拉力和轴力等复杂外力，因此，需要增加管壁厚度并用两根腰梁和一根 U 形梁进行加固（以使之有足够的强度和刚度）。以正 Y 形对称分岔为例，其主管一般为圆柱管、支管为锥管，沿两支管的相贯线用 U 形梁加强，沿主管和支管的相贯线则用腰梁加强，U 形梁承受较大的不平衡水压力（是梁系中的主要构件），将 U 形梁和腰梁端部联结点做成刚性联结从而形成一个薄壳和空间梁系的组合结构（其受力非常复杂）。我国已建的数十个三梁岔管的结构试验证明，在管壁上实测的应力集中系数（实测应力与主管理论膜应力之比）为 1.3~2.6。其中五个岔管 U 形梁插入管壁内 20~100cm 深其应力集中系数为 1.3~1.9，另两个岔管 U 形梁未插入管壁内其应力集中系数增加为 2.4~2.6。因此，当没有计算分析和试验资料时，考虑到 U 形梁插入管壁内，则局部应力集中系数可取 1.5~2.0。常用的加固梁断面为矩形或 T 形，在材料允许时应避免采用瘦高型截面（以矮胖形截面为好）。U 形梁断面尺寸庞大，为改善其应力状态和布置情况、降低岔管壁的应力集中系数，U 形梁应适当插入管壳内（插入深度在腰梁连接端为零，中部断面处最大），梁内侧应修圆角并应设导流墙。三梁岔管的主要缺点是梁系中的应力以弯曲应力为主，材料的强度未得到充分利用，三个曲梁（特别是 U 形梁）

常常需要高大的截面（不但浪费了材料，还加大了岔管的轮廓尺寸且可能还需要锻造，另外焊接后还需要进行热处理），由于梁的刚度较大故对管壳有较强的约束（从而使梁附近的管壳产生较大的局部应力），同时，在内压作用下由于相贯线垂直变位较小，故用于埋管则不能充分利用围岩抗力。因此，尽管三梁岔管有长期的设计、制造和运行的经验，但由于存在上述缺点，故不能认为是一种很理想的岔管。三梁岔管适用于内压较高、直径不大的明管道。

2. 内加强月牙肋岔管

内加强月牙肋岔管是国内外近年来在三梁岔管的基础上发展起来的新式岔管，目前在我国已基本取代了三梁岔管。三梁岔管的U形梁插入管壳内能改善U形梁和管壳的应力状态，一般来讲，插入越深往往使应力越均匀。月牙肋岔管是用嵌入管体内的月牙形肋板来代替三梁岔管U形梁，并取消了腰梁。月牙肋岔管的主管为倒锥管，两个支管为顺锥管，三者有一个切球使相贯线成为平面曲线。内加强月牙肋岔管有如下三个方面的特点。月牙肋板只承受轴心拉应力而无弯曲应力，拉应力的分布比较均匀，其数值与邻近管壳上的拉应力相近。改善了水流条件使水头损失比一般岔管低许多（特别是对称流态情况可减少一半）。由于取消了外加固U形梁和腰梁，从而使岔管外形尺寸大为减小，对埋管可减少开挖工程量（由于外形规整，内水压力也易于通过管壳传给混凝土衬砌和围岩，从而使围岩的弹性抗力得到更好的发挥）。在生产建设中，这种岔管通过理论分析、模型试验和原型观测已经积累了一些经验，可应用于大、中型电站。鉴于国内已建的大月牙肋岔管均为埋管，故对高水头、大直径的明管还应进行进一步的研究。

3. 贴边式岔管

贴边式岔管是在卜形布置的主、支管相贯线两侧用补强板加固形成的。补强板与管壁焊固形成一个整体（补强板可以焊固于管道外壁或内壁，或内外壁均有补强板）。与加固梁相比，补强板刚度较小，不平衡区的水压力由补强板和管壁共同承担。在内水压力作用下由于补强板刚度较小故有可能发生较大的向外的位移，因此常用于埋藏式岔管（其能把大部分不平衡水压力传给围岩）。贴边式岔管常用于中、低水头Y形布置的地下埋管，尤其是支、主管直径之比（d/D）在0.5以下的情况，如果d/D大于0.7则不宜采用贴边式岔管。加强板的宽度应不小于（0.12~0.18）D，其中D为主支管轴线相交处的主管直径。当采用内外补强板时宜取内、外层板宽度不等的形式。

4. 球形岔管

球形岔管是通过球面体分岔，它是由球壳、圆柱形主、支管以及补强环和导流板等组成的。

在内水压力作用下，球壳应力仅为同直径管壳环向应力的一半，因此，这种岔管适用于高水头大、中型电站。球形岔管是国外采用比较多的一种成熟管型。球形岔管球壳所承受的荷载主要为内水压力、补强环的约束力和主、支管的轴向力，主、支管的轴向力对球壳应力有很大影响（在结构上应认真对待），垂直方向的支管应加以锚定（若为具有伸缩节的自由端，则管壁不能传递轴向力，作用于球壳上的轴向水压力将无法平衡），球壳厚度可按内水压力作用下球壳的膜应力来确定并应考虑热加工及锈蚀等余量，补强环与球壳铆接而与主、支管用焊接连接。从理论上讲，球壳在内压力作用下不产生弯矩，但是，在球壳与主、支管连接处由于结构的不连续性仍需用三个补强环进行加固。补强环上的作用荷载有球壳作用力、管壳作用力和补强环直接承受的内水压力，应力求使上述三种力通过补强环断面的形心（以使补强环为一轴心受拉圆环而确保不使断面产生扭转）。球形岔管突然扩大的球体对水流不利，故为改善水流条件常在球壳内设导流板，导流板上设平压孔，因此不承受内水压力而仅起导流作用。

5. 无梁岔管

无梁岔管是在球形岔管的基础上发展起来的。球形岔管利用球壳改善了结构的受力条件，球壳与主支管圆柱壳衔接处存在结构的不连续性故要加设三个补强环，补强环需要锻造且在与管壳焊接时要预热（球壳一般也要通过加热压制成形，有的球岔在制成后还需进行整体退火，因此工艺复杂），另外补强环与管壳刚度不协调的矛盾仍未解决。综上所述，为了改善受力条件可以用直径较大的锥管和球壳沿切线方向衔接，从而使球壳只剩下上、下两个面积不大的三角形，然后在主、支管和这些锥管之间插入几节逐渐扩大的过渡段构成一比较平顺的、无太大不连续接合线的体形，从而形成无梁岔管。无梁岔管是一种有发展前途的管形，能发挥与围岩共同受力的优点。

除了上述五种岔管外，国外的电站还采用了隔壁岔管。隔壁岔管由扩散段、隔壁段、变形段组成，各级皆为完整的封闭壳体，除隔壁外无其他加强构件，其受力条件很好，水流流态较优且不需要大的锻件。

五、水电站地下埋管设计

水电站地下埋管是指埋藏在地下岩层中的管道，其施工过程是先在岩石中开挖隧洞并清理石渣、进行支护，然后再安装钢管，接着在钢管和岩石洞壁之间回填混凝土，最后再接触灌浆。地下埋管在大型水电站中应用较多，根据其轴线方向的不同，分为斜井和竖井两大类，也常被称为隧洞式压力管道或地下压力管道。

地下埋管是我国大、中型水电站建设中应用最广泛的一种引水管道形式，国外装机容量在 1000MW 以上的水电站中采用地下埋管的占 45% 左右，原因是与明敷钢管相比地下埋管有一些突出的优点，这些优点主要表现在以下三个方面。

（1）布置灵活方便。一般位于山体内部管线，位置选择较自由，与地面管线相比地下埋管可显著缩短长度。对水电站管道而言，大多数情况下地下地质条件要优于地表并容易选择出地质条件好的线路。在不宜修建明敷钢管的地方一般均可以布置地下埋管。通常情况下，地下厂房一般都全部或部分地采用地下埋管形式。另外，由于岩石力学和地下工程设计及施工技术水平的快速提高，修建压力竖井和斜井的技术业已成熟，有些国家地下埋管的施工条件和费用已开始优于地面管道。

（2）钢管与围岩共同承担内水压力从而可减小钢衬厚度。围岩分担内水压力的比例取决于岩石的性质。岩石坚硬、较完整时围岩可承担较大的内水压力（甚至可承担全部内水压力），钢板只起防渗作用。特大容量、高水头管道其 HD 值很大，采用明管技术难以实现，地下埋管就可以使问题迎刃而解。当埋管上覆岩石较薄（< 30），岩石质量不好时，设计中往往会不考虑岩石的承载能力而仅提高钢衬的允许应力。

（3）运行安全。地下埋管的运行不受外界条件影响，维护简单，围岩的极限承载能力一般很高，另外，钢材又有良好的塑性，故管道的超载能力很大。当然，地下埋管也有一些缺点（比如构造比较复杂、施工安装工序多、工艺要求较高、施工条件较差、会增加造价等），且由于地下埋管所承受的外压力较大，故其外压稳定问题比较突出。由于围岩承担了一部分荷载，故地下埋管管壁较薄，从而节省了钢材，但放空检修、施工期的灌浆压力以及水库蓄水后地下水（外水压力）等很容易造成地下埋管的外压失稳破坏。实践证明，国内外地下埋管破坏多数为外压失稳破坏。

地下埋管一般多采用联合供水方式（但若管道较短、引用流量较大、机组台数较多、分期施工间隔较长或工程地质条件不易开挖，对大断面洞井经技术经济比较后也可采用两根或更多的管道，用分组供水或单元供水方式向机组输水。相邻两管道之间应有足够的间距以保证其岩体的强度并防止出现失稳情况）。为保证地下埋管施工运行安全，地下管道应布置在坚固完整、地下水位低的岩层中，对拟定管线区域的地质构造（岩石走向、节理裂隙）应进行认真研究以防塌方和岩石脱落，地下施工要考虑浇筑混凝土的工作环境要求，管道与水平面夹角不宜小于 40°。为保证上覆岩层的稳定应留有足够的岩石厚度。洞井的布置方式通常有竖井、斜井和平洞三种，具体实施时应根据工程布置、施工条件、施工机械和施工方法选用。

地下埋管是钢衬、回填混凝土、岩体共同受力的组合结构，其施工程序包括洞井开挖、钢衬安装、混凝土回填和灌浆四个工序。

（一）洞井开挖

洞井开挖应尽量采用光面、预裂爆破或掘进机开挖方式以保持其圆形孔口并使洞壁尽量平整且减少爆破松动影响。另外，还要合理选择施工支洞的高程和位置以方便出渣、运输钢衬以及混凝土浇筑（并应考虑将其作为永久排水洞和观测洞）。钢管管壁与围岩间的净空间尺寸应根据施工方法和结构布置（比如开挖、回填、焊接等施工方法以及有无锚固加劲环等）确定，需要在管壁外侧进行焊接的预留空间为两侧和顶部至少 0.5m、底部至少 0.6m、加劲环距岩壁至少 0.3m。应尽量减少现场管外焊接工作并减小加劲环高度以减少岩石开挖和混凝土回填方量。

（二）钢衬安装

钢衬一般为在工厂制成的一定长度管节，施工中将其运输到洞内用预埋锚件固定，在校正圆度、压缝整平后即可进行焊接。

（三）混凝土回填

钢衬与围岩间回填的混凝土仅起传递径向内压力的作用（而不必承受环向拉力）故其强度等级不必太高（但也不宜低于 C15）。混凝土回填的重要关注点是应采用合适的原材料和级配，合理地输送、浇筑和振捣工艺以保证回填混凝土的密实、均匀以及围岩与钢衬的紧密贴合。平管的底部以及止水环和加劲环附近应加强振捣（严禁出现疏松区和空洞区）。混凝土回填的缺陷对钢衬外压稳定非常不利，采用预埋骨料压浆混凝土和微膨胀水泥等常会取得较好效果。

（四）灌浆

地下埋管灌浆分为回填灌浆、接缝灌浆和固结灌浆三类。我国钢管设计规范规定对平洞、斜井应作顶拱回填灌浆（灌浆压力应不小于 0.2MPa 但也不得大于钢管抗外压临界压力）；钢管与混凝土衬圈之间如果存在超过设计允许的缝隙时，应进行接缝灌浆，接缝灌浆宜在气温最低的季节施工以减少缝隙值，其灌浆压力不宜大于 0.2MPa 并应保证钢管在灌浆过程中的变形不超过设计允许值；基岩固结灌浆可视围岩情况、内水压力、设计假定、开挖爆破方式等情况确定（其灌浆压力不宜小于 0.5MPa）。灌浆过程中应严密监视及防范钢管失稳等事故（必要时可采取临时支护措施），灌浆后的全部灌浆孔必须严密封闭以防运行时内水外渗造成事故。

第二章 水利工程灌溉设计

第一节 工程设计内容及步骤

一、基本情况

基本资料重点说明工程所在行政区域（到村）、所处的经纬度、海拔高度等地理信息；高程变化、地面坡度等地形地貌特征；土壤质地与容重、田间持水量、最大冻土深度等土壤情况；水利设施现状、水源类型（河流、库塘、渠道、井泉）、单井出水量、机井动静水位、现状配泵型号及功率；地块面积、南北尺寸；种植作物类型、分布和作物复种情况等。工程布局要素列表表达，并绘制工程布置图，山丘区应结合地形图绘制。工程设计平面布置图绘制比例 1 ∶ 500~1 ∶ 2000。

二、工程形式确定

根据水源条件、作物种类、种植条件、土壤条件、工程项目要求、工程建设地的社会背景条件、地方政府以及当地群众意愿，通过方案比选，因地制宜确定高效节水灌溉工程形式。

三、设计标准确定

设计标准包括灌溉设计保证率、渠系（管道）水利用系数、田间水利用系数、灌溉水利用系数、畦田规格等。

（一）灌溉设计保证率

灌溉设计保证率是指预期灌溉用水量在多年灌溉中能够得到充分满足的年数出现的概率。以地下水为水源的管道输水灌溉工程灌溉设计保证率宜不低于 75%，以地表水为水源的灌溉设计保证率不低于 50%；以地下水为水源的喷灌工程灌溉设计保证率不应低于 90%，其他情况下不应低于 85%；微灌工程灌溉设计保证率不应低于 85%。

（二）灌溉水有效利用系数

管道输水灌溉工程渠系（管道）水有效利用系数设计值应不低于 0.95，旱作灌区田间水有效利用系数应不低于 0.9，水稻灌区田间水有效利用系数应不低于 0.95；喷灌工程渠系（管道）水有效利用系数应不低于 0.95，田间喷洒水有效利用系数应不低于 0.8；滴灌、小管出流工程灌溉水有效利用系数应不低于 0.9，微喷灌、涌泉灌灌溉水有效利用系数应不低于 0.85。灌溉水有效利用系数可根据《灌溉与排水工程技术规范》（GB 50288）中的方法计算。

四、水源工程设计

水源工程设计包括水源类型选择、取水点位置确定及方案比较、来水总量及过程分析、设计水位确定、灌溉水质分析及水处理设施设计等内容。合理确定首部枢纽的配置，包括水泵（加压泵）、逆止阀、进排气设备、配水阀门、压力表、流量计、施肥设施、过滤设施和配电系统等，对于系统流量和压力变化较大的工程，可配备变频调压设备。

五、灌水器选择

按照所选的节水灌溉工程形式，选择灌水器类型。根据灌溉系统灌溉需求和当地管理技术水平，通过比选确定灌水器或灌溉设备的型号、工作压力、流量等性能参数。

六、管网的布置形式及运行方式

管网的布置及运行方式直接影响到系统的投资和运行成本，受水源位置、地块形状及地面高差等自然条件约束，还受到农户种植方向、种植习惯、地块分割等人为条件影响，应在充分了解当地情况的基础上，通过方案比较，优化管网布置。

管网布置的原则为：尽量减少管道布置长度；尽量采用双向供水；多级管道布置时，干管布置一般与地面等高线垂直，支管则与等高线平行；干管也可与种植垄向平行布置，支管垂直于种植布置，管道布置宜平行于沟、渠、路。在山区丘陵区，应尽量避开高填方区和可能产生滑坡或受山洪威胁的地带。在高扬程灌区，应充分考虑由于地形高差引起的管道静压、水锤及气阻，合理布置减压和进排气设施。

在管网布置同时应充分考虑不同灌溉系统的运行方式，使其流量、压力变化均匀，降低劳动强度、提高工作效率。

八、灌溉系统流量设计

灌溉系统各级管道设计流量应根据灌水定额、灌水周期和管网的运行方式确定。确定的系统流量应与水源来水流量进行匹配，充分利用现有水源供水能力，并按照选定供水设备标称能力校核灌溉系统。

九、管径确定及管道水力计算

按照设计的管道流量计算各级管道的管径，计算各级管道在不同运行条件下的水头损失，并通过比较分析确定管道材质。

管径的确定可按照经济管径的计算方法，经济管径是指在管道系统造价与运行费用之间经济计算得出的管径，一般认为选择的管径越大系统造价越高，但未来的运行成本随着水头损失减小而降低，反则反之。

十、水泵选型

根据管道水力计算结果、水源水位以及地形条件确定水泵的扬程、流量、功率等参数，选择水泵形式和型号。一般情况下，系统设计工作水头按系统最大工作水头及系统最小工作水头的平均值计算。

十一、灌溉系统附属设施设备设计

灌溉系统附属设施设备根据灌溉系统布置和运行管理需求分类设计。主要包括机井更新及保护、泵站、阀门井、排水井、镇墩支墩、出水口及保护设施、计量设施、机电控制设备等设计。

十二、投资概算

根据设计图纸，分别计算各单位工程材料设备用量及工程量，并汇总编制工程量清单。按照工程量清单核算工程总投资。

工程总投资包括建筑工程费、机电设备及安装费、金属结构及安装费、临时工程费等。按照有关规定计算独立费，独立费一般包括建设管理费、勘察设计费、招标代理费、监理费等。由于各部门对工程投资的要求不同，投资方向、项目费用所占比例不尽相同，因此应根据有关要求确定费用的构成。

第二节　管道输水灌溉工程设计要点

一、出水口和支管道间距

一般地面灌的水量是依靠灌水沟或畦田的长度控制，管道输水灌溉系统的出水口和支管间距与灌水沟或畦田的长度和宽度直接相关。管道输水灌溉工程的管网布置除与管道式灌溉系统布置原则相同外，出水口和支管间距应按照当地畦田规格布置，以有效控制灌溉水量。

灌水沟或畦田的长度与土壤质地、地面坡降等因素相关，设计时应采用当地实测资料。

在设计过程中可根据现场的实际条件，适当调整畦田长度和宽度，以满足设计灌水定额要求。一般条件下，畦宽应与农机宽度整倍数一致。支管单向供水时支管或出水口间距为灌水畦（沟）的长度；支管双向供水时支管或出水口间距为灌水畦（沟）长度的二倍。

二、管道系统的结构

管道系统布置的同时，还应确定管道系统的结构。地埋管道深度一般应在冻土层以下且管顶覆土不小于 0.6m；无法满足埋深要求时，管网系统应合理控制管道坡降并布置有效的排水设施；在山丘区管道工程以及平原大口径管道工程中，在管道转弯、变径、上下坡等处，应严格按照有关规范设置支墩和镇墩，管道支墩和镇墩的设计参照有关规范；为了便于施工和节省材料，出水口间距宜为单根商品管道长度的整倍数。

三、灌溉系统流量与扬程

灌溉系统的流量应与水源供水流量相协调。在以地表水为水源的管灌区，由于受提水泵站规模和出水口冲刷的限制，出水口流量不宜过大，必要时需同时开启若干个出水口，应按设计运行方式确定系统流量和各级管道流量。

为减少对出水口周边农田的冲刷，出水口的设计工作水头应控制在 0.3~0.5m。

第三节　咸淡混浇管道输水灌溉工程设计要点

咸淡混浇可充分开发利用微咸水资源，节约深层淡水，同时减少提水费用，降低浇地成本。

一、咸淡混浇原理

通过咸水与淡水混合，降低灌溉水矿化度。咸淡混浇技术的关键是确定咸淡水混合比，使混合后的水质能够为作物所利用，并不影响作物正常生长。咸淡混浇的混合比由咸淡水井泵的流量与扬程决定。

二、咸淡混浇系统类型

咸淡混浇系统分为管道直接混合式、混流罐式、混合池式和轮换浇灌式。结合管道输水灌溉工程建设，重点介绍管道直接混合式和混流罐式咸淡混浇系统。

三、咸淡混浇水的矿化度计算

根据《咸淡水混合灌溉工程技术规范》（BT13/T928-2008）确定灌溉水矿化度不大于 2.0g/L。

（一）计算混合水的矿化度

计算公式为：

$$M_{矿} = \frac{Q_{咸}M + Q_{淡}M}{Q_{咸} + Q_{淡}}$$

式中 $Q_{咸}$——咸水井出水流量（m³/h）；

$Q_{淡}$——淡水井出水流量（m³/h）；

$M_{咸}$——咸水矿化度（g/L）；

$M_{淡}$——淡水矿化度（g/L）；

$M_{矿}$——咸淡水混合矿化度（g/L）。

（二）农田灌溉水质标准计算

结果 $M_{矿} \leq 2.0$g/L 满足农业灌溉要求；如果计算出 $M_{矿} > 2.0$g/1，应调整咸、淡水井出水量比例，重新计算 $M_{矿}$，直到满足农田灌溉水质标准要求。根据计算结果，调整咸、淡水井水泵供水流量。

（三）水泵扬程的确定

为使咸水井泵与淡水井泵混流处的水压力值相等，首先计算混合后的管道流量，根据流量和管径计算管网水头损失，并推算至混流处的压力水头，据此分别选择咸、淡水泵的扬程。

咸水井泵设计扬程：$H_{咸}=Z+H_{混}$

淡水井泵设计扬程：$H_{淡}=Z+H_{混}$

式中 $H_{咸}$、$H_{淡}$——分别为咸水井泵和淡水井泵设计扬程（m）；

$Z_{咸}$、$Z_{淡}$——分别为咸水井和淡水井的动水位至混流处的总扬程（m）；

$H_{混}$——混流处管道工作压力（m）。

（四）水量控制

为准确实现混合比，首部应加装流量控制设备，包括调节阀、流量计等。在运行过程中，按设计混合比及时调整流量。

第四节 管道式喷灌工程设计要点

管道式喷灌工程包括固定式、半固定式和移动式喷灌系统，分别以干管、支管及喷头的可移动性划分，其特点是每个喷头均有固定的喷洒位置，即固定的喷点。为满足灌水定额、喷灌强度及喷灌均匀度要求，管道式喷灌工程的重点是喷灌支管设计、喷头规格及数量确定。

一、基本情况

喷灌工程设计中应重点补充说明当地灌溉季节的最大风速、主风向和频率，明确设计风速。在风力较大时，应分析错时喷灌的可行性。

二、设计标准

设计参数选取依照《喷灌工程技术规范》（GB/T50085-2007）的有关要求，结合项目区实际情况确定。

（一）设计灌水定额

设计灌水定额应根据作物种类、土壤类型和管理技术水平合理确定。在作物不同生育期设计不同灌水定额，即按作物不同生育期主要根系活动层深度，确定土壤湿润层深度。适宜土壤含水率上限可为田间持水量的 0.9~0.95 倍，土壤含水率下限可为田间持水量的 0.65~0.7 倍。

（二）喷灌强度

喷灌过程中，水在土壤中的流动过程为无压入渗，灌溉水是通过土壤渗吸作用向下入渗到土壤深层。设计喷灌强度不得大于土壤的允许喷灌强度，一般不允许产生地面积水。

（三）喷灌均匀度

喷灌均匀度以喷灌均匀系数表示，在有实测资料时，可参考下式计算：

$$Cu = 1 - \frac{\Delta h}{h}$$

式中 Cu——喷灌均匀系数；

h——喷洒水深的平均值（mm）；

Δh——喷洒水深的平均离差（mm）。

设计喷灌均匀系数不应低于 0.75。

（四）雾化指标

根据作物种植类型，选择作物适宜雾化指标。

$$W_h = h_p / d$$

式中 W_h——喷灌的雾化指标；

h_p——喷头工作压力水头（m）；

d——喷头主喷嘴直径（m）。

三、管道系统布置

半固定式喷灌系统除支管为地面移动管道外，其他管道均埋入地下，固定式喷灌系统全部管道均埋入地下。

支管布置应与等高线平行，并尽量与种植方向一致。为确保半固定式和移动式喷灌系统地面移动管道的拆装不占用喷洒作业时间，且避免在刚喷灌过的湿地上拆装管道，应根据土壤质地确定备用移动管道的数目，一般沙土地宜为两套，壤土地宜为三套，黏土地宜为四套。为便于运行，移动支管的规格应统一，每条支管上（或轮灌组中）设置的喷头数量和型号应基本一致。

四、喷头的选择、组合形式及运行方式

（一）喷头的选择

根据种植作物的类型和土壤质地，按照《喷灌工程技术规范》（GB/T50085-2007）的规定选取。定量描述喷头标称流量、有效射程、工作压力、喷嘴直径、接口尺寸等主要性能指标，各性能指标应满足允许喷灌强度、喷灌均匀度和雾化指标要求。喷头质量应符合《农业灌溉设备旋转式喷头》（GB/T 19795.1-2005）要求，并对外观、材质、接口强度、试验压力、最小和最大工作压力、各工作压力下的流量、各工作压力下有效喷洒直径、喷射仰角、耐久性等主要质量控制指标提出要求。

（二）喷头的喷洒方式和组合形式

喷头布置一般应等间距、等密度布置，常用的喷头组合形式有正方形布置、正三角形布置、矩形布置、等腰三角形布置，最大限度地满足喷灌均匀度要求；喷头布置形式应充分考虑风对喷灌水量分布的影响，力争使这种影响降到最低。风向多变情况下宜采用正方形布置；主风向较明确可采用等腰三角形或矩形布置，其长边与主风向平行。地边、地角处为避免喷湿田边路，应选择扇形喷洒喷头。

（三）运行方式

运行方式可采用单支管多喷头同时喷洒和多支管多喷头同时喷洒，在运行中按照地块形状、供水流量及土壤条件合理确定。

（四）喷灌强度的校核

喷灌强度是单位时间内喷洒在田面上的水深，一般用 mm/h 表示。设计组合喷灌强度应小于等于允许喷灌强度。

（五）雾化指标校核

喷灌雾化指标是表示洒水滴细小程度的技术指标。喷灌雾化指标值越大，表示雾化程度越高，水滴直径越小，打击强度也越小，但水量漂移损失越大。

$$W_h = \frac{100hp}{d}$$

式中 W_h——喷灌的雾化指标；

hp——喷头工作压力（kPa）；

d——喷头的喷嘴直径（mm）。

按照雾化指标计算公式计算设计雾化指标，结果要与所列适宜雾化指标进行校核。

第五节　机组式喷灌工程设计要点

机组式喷灌工程是以喷灌机为主体的喷灌系统，主要形式有绞盘式喷灌机、中心支轴式喷灌机和平移式喷灌机。与管道式喷灌系统相比，其工作方式一般为边喷洒边行走，亦为行喷式喷灌，机械化程度更高。与管道式喷灌系统设计不同，由于喷灌机本身工作流量、工作压力、灌水定额以及喷灌强度、均匀度等参数已确定，故机组式喷灌系统设计主要是机组选型和确定喷灌机的工作制度。

机组式喷灌系统设计要点主要在于总体布置、喷灌机选型、喷灌工作制度和运行方式拟定等。

一、绞盘式喷灌机喷灌系统设计要点

（一）总体布置

输水管道采用地埋固定管道，应优先沿田间道路布置，喷洒小车行走方向与种植垄向平行。喷灌机取水点处设置给水栓，喷灌机与给水栓的连接应灵活、方便、可靠。

（二）喷灌机选型

绞盘式喷灌机分为单喷头式和多喷头析架式。单喷头式适用于对雾化指标要求低的高棵作物，多喷头析架式适用于对雾化指标要求高的低矮作物。

根据地形、土壤质地、作物种类、水源情况、风速、风向、操作方便程度等情况，结合绞盘喷灌机工作性能指标，选择绞盘式喷灌机型号。并对喷灌机喷头、驱动系统、机体材质、PE卷管等主要构件的性能和质量指标提出明确要求。

二、中心支轴式喷灌系统设计要点

中心支轴式喷灌机是将装有喷头的管道支承在可自动行走的析架上，围绕备有供水系统的中心点做圆形运动，边行走边喷洒的大型喷灌设备。中心支轴式喷灌机主要由中心支座、析架、塔架车、末端悬臂、控制系统和灌水器等六大部分组成，其优势主要在于自动化程度高，节省劳动力，工作效率高，节约用水，对地形坡度适应性较强。缺点是矩形地块的四个地角无法供水；需要专业人员操作运行，对操作人员素质要求高。

（一）总体布置

中心支轴式喷灌机系统是由水源通过管网将灌溉水输送到中心支轴处，经喷灌机进行喷洒灌溉。按照水源供水能力确定水源的数量，喷灌机长度由地块形状和尺寸决定，一般中心支轴支座布置于地块中心，喷灌机围绕中心支轴做圆形喷洒。特殊地块可按扇形工作方式布置，边角处可采用其他灌溉方式进行补充灌溉。

（二）喷灌机选型

喷灌机选择按照作物设计灌水定额、灌水周期及喷灌机的出水量、喷头型号、间距、喷洒强度等参数确定，可查相关喷灌机手册选择。

三、平移式喷灌系统设计要点

（一）总体布置及运行方式

平移式喷灌机系统是由水源通过渠道或管网将灌溉水输送到平移式喷灌机进口处，经喷灌机进行喷洒灌溉。按照水源供水能力确定水源的数量，喷灌机长度由地块形状和尺寸决定。采用管道供水的可以用软管接给水栓，喷一段距离后再改换下一个给水栓供水。平移式喷灌机的运行轨迹为直线，喷洒范围为矩形。

平移式喷灌机运行方式一般有两种。一是喷灌机一次灌水即达到设计灌水定额。此种方式在灌水完成后必须使喷灌机空车返回，否则可能造成灌溉起始地块的灌水间隔时间不同，影响地块两端的作物长势和产量，返回时间也应计算在行走周期内。二是一次往返灌水达到灌水定额，达到地块尽头后返回灌水，此种方式喷灌机行走周期按往返一次时间计算。

（二）喷灌机选型

喷灌机选择按照作物设计灌水定额、灌水周期及喷灌机的出水量、喷头型号、间距、喷灌强度等参数确定，有关数据可查相关喷灌机手册。

（三）单台喷灌机最大控制面积

1. 喷灌机长度确定

一般情况下，喷灌机长度应等于地块宽度，其长度可按照半固定式喷灌支管设计方法确定。当地块宽度大于喷灌机最大长度时，可考虑采用两台喷灌机，或采用喷灌机移动到不同地块循环使用。

2.喷灌机控制地块最大长度

喷灌机控制地块最大长度的确定与喷灌机的运行方式相关，建议采用第二种方式设计，可按灌水周期的 1/2 时间与喷灌机设计行走速度的乘积计算。

（四）系统总流量确定

参照中心支轴式喷灌机执行。

（五）喷灌机灌水量调节

喷灌机在实际运行中，可通过调节运行速度，满足地块大小和作物不同生育期灌水量的需求。

（六）平移式喷灌机供水水源工程设计

采用渠道供水的平移式喷灌机系统，供水渠道设计参照有关规范。采用管道供水的多水源系统参照中心支轴式喷灌机设计。

第六节　微灌工程设计要点

微灌工程包括滴灌、微喷灌、小管出流灌等，设计方法基本一致。微灌工程与其他高效节水灌溉工程的设计区别主要在以下几点：首部过滤及施肥设备设计；灌水器选择；灌水小区的设计；田间管道的材质选择。

一、设计标准

设计参数选取依照《微灌工程技术规范》（GB/T50485-2009）的有关要求，结合实际情况确定。

（一）灌水小区灌水器设计允许偏差率

微灌系统灌水小区灌水器设计允许流量偏差率应满足下述的要求：

$[q_v] \leqslant 20\%$

灌水器工作水头允许偏差率与流量允许偏差率可按下式确定：

$$[h_v] = \frac{[q_v]}{x}\left\{1 + 0.15\frac{1-x}{x}q_v\right\}$$

式中 x——灌水器流态指数，缺少产品性能指标时采用 0.5。

（二）设计日灌水时间

微灌系统设计日工作小时数不应大于 22h。

二、灌溉制度设计

（一）设计净灌水定额

$m_{max} = 0.001\gamma zp(\theta_{max} - \theta_{min})$

式中 m_{max}——最大净灌水定额（mm）；

z——计划湿润层深度（cm）；

γ——土层内土壤平均干容重（g/cm³）；

θ_{max}、θ_{min}——适宜土壤含水率上下限；

$\theta_{田持}$——田间持水率；

p——土壤湿润比（%）。

微灌一般为局部灌溉，即灌溉水仅湿润作物的主根系区，因此合理确定土壤湿润比对于微灌系统的设计和运行管理尤为重要。

（二）灌水周期设计

设计灌水周期按照设计供水强度确定。当无淋洗要求时，设计供水强度等于作物需水高峰期平均日耗水强度；有淋洗要求时，设计供水强度等于作物需水高峰期平均日耗水强度与设计淋洗强度之和，即认为在两次灌水之间无降雨条件下灌溉水量能满足作物需水最长的时间间隔，以天为单位，即：

$T \leqslant T_{max}$

无淋洗要求时，

$I_a = ET_d$

有淋洗要求时，

$I_a = ET_d + I_L$

式中 T_{max}——作物最大净灌水定额（mm）；

I_a——设计供水强度（mm/d）；

ET_d——作物需水高峰期平均日耗水强度（mm/d）；

I_L——设计淋洗强度（mm/d）。

设计耗水强度应由当地试验资料确定。无实测资料时，可通过计算或按有关资料选取，保护地蔬菜日耗水强度可按露地蔬菜的 50% 选取。

设计灌水定额宜按下列公式确定：

$$m_d = T \cdot I_a$$

$$m' = \frac{m_d}{\eta}$$

式中 m_d ——设计净灌水定额（mm）；

m' ——设计毛灌水定额（mm）。

三、首部枢纽设计

为防止灌水器堵塞，微灌系统首部枢纽应配备过滤设备，过滤器应根据水质状况和灌水器的流道尺寸进行选择。过滤器应能过滤掉大于灌水器流道尺寸 1/10~1/7 粒径的杂质，过滤器类型及组合方式可参考《微灌工程技术规范》（GB/T50485-2009）。

微灌系统应配备施肥设施，施肥设施按作物需求与作物种类，施肥（药）注入装置应根据设计流量大小、肥料和化学药物的性质及其灌溉植物要求选择。

对于面积较大、系统控制范围内种植不同的作物或地形高差较大的系统，可配备变频调压设备。

经济条件许可时，微灌系统可采用自动控制及信息化管理系统。

四、管道系统布置

根据工程现场条件，确定田间灌水小区形状和尺寸及各级管道的位置。一般按树状管网设计，毛管沿作物种植方向布置并与等高线平行，毛管间距根据作物行距确定，灌水器的间距按作物株距确定（果树微灌每棵树下可设置灌水器若干个）。

五、灌水器的选择、组合形式及运行方式

（一）微喷头的选择

根据土壤、地形、作物及其种植模式、灌水器水力特性，确定微喷头的形式、工作压力、喷洒半径和流量等参数。在压力变化较大的情况下，可采用压力补偿式灌水器或加装稳流装置，按设备性能参数设计。

（二）微喷头布置的组合形式

蔬菜、花卉、苗木等密植作物灌水需全覆盖时，常用的微喷头组合形式为正方形布置，毛管间距与喷头间距均为喷头射程。果树等作物可采用局部灌溉，微喷头可布置在树下，一般位于树冠半径距树干 2/3 处，较大的果树每棵树下可布置多个微喷头，支管间距与树的行距相等。

（三）滴灌管（带）的选择

根据土壤、地形、植物及其种植模式、滴灌管（带）水力特性，确定滴灌管（带）的型号、工作压力和流量等参数。应注意滴灌管（带）的使用寿命，如选用一次性的滴灌带，应制定确保滴灌带更新的运行管护措施。

（四）滴灌管（带）的布置方式

滴灌一般用于灌溉条播作物，原则上每种植行布置一条滴灌毛管，滴头间距则与作物株距相等。如蔬菜等作物采用宽窄行种植时，也可在窄行间布置一条滴灌管（带）。对于大型果树可在树行两侧布置两条滴灌毛管，一般位于树冠半径距树干 2/3 处，也可在此位置另行布置绕树毛管。

（五）小管出流灌溉灌水器选择和布置方式

小管出流灌溉一般用于果树，灌水器为 PE 小管，直接或通过稳流器连接在毛管上。在每树行布置一条毛管，每株树下设一个或多个小管，将水流输送到围绕果树的环形沟内灌水。

六、灌水小区设计

微灌系统多为固定式，按照灌水要求划分为若干个灌水小区（单元），灌水小区内实行续灌。灌水小区一般由一条支（分干）管和若干条毛管组成，由一个阀门控制开闭。一个或多个灌水小区组合成一个轮灌组同时灌水。一般情况下，进水口位于支（分干）管中央，毛管双侧布置，形成鱼骨状，便于流量压力均衡。灌水小区的形状和面积直接影响灌水均匀度、管理方便程度和工程投资。灌水小区内灌水器设计允许水头差在支、毛管间的分配比例与灌水小区的形状和面积相关，应通过试算及技术经济比较进行优化设计，初估时可各按 50% 分配。

（一）毛管、支管极限长度及流量确定

毛管及支管的水头损失以及多口系数按前述方法计算，根据毛管、支管允许水头损失率反算毛管、支管极限长度：

$$L_{毛} = \frac{F h_{毛} D^b}{f Q_g^m}$$

$$h_{f毛} = \alpha [h_v] h_d$$

$$h_{f支} (1-\alpha) [h_v] h_d$$

式中 $L_{毛}$、$L_{支}$——毛管、支管计算长度（m）；

$h_{f毛}$、$h_{f支}$——毛管、支管的沿程水头损失（m）；

α——灌水器设计允许的水头差在毛、支管间的分配比例（%）；

$[h_v]$——灌水器工作水头允许偏差率；

h_d——灌水器设计工作水头；

D——管道内径（mm）；

m——流量指数；

b——管径指数；

F——多口系数；

Q_g——管道流量。

由此计算的毛管、支管长度均为单侧长度。

（二）支（分干）管流量确定

通过以上试算结果，确定毛管、支管流量。

（三）灌水小区管网水力计算

根据上述计算，得到灌水小区进口流量及工作水头。灌水小区进口流量为：

$$q_{小区} = 0.001 n q_d$$

式中 $q_{小区}$——灌水小区进口流量（m³/h）；

q_d——灌水器设计流量（L/h）；

n——灌水小区内灌水器个数。

七、系统工作制度

（一）一次灌水延续时间

一次灌水延续时间计算公式：

$$t = \frac{m' S_e S_1}{q_d}$$

式中 t——一次灌水延续时间（h）；

m'——毛灌水定额（mm）；

S_e、S_1——分别为灌水器间距和毛管间距（m）；

q_d——灌水器的流量（L/h）。

（二）轮灌组设计

根据水源供水流量及灌水小区进口流量确定轮灌组内灌水小区个数：

$$N' = \frac{Q}{q_{小区}}$$

式中 N' ——轮灌组内灌水小区个数；

Q ——水源供水流量（ m^3/h ）；

$q_{小区}$ ——灌水小区进口流量（ m^3/h ）。

（三）日工作轮灌组个数

$$N_d = \frac{t_d}{t}$$

式中 N_d ——日工作轮灌组个数；

t_d ——设计日灌水时间（h）；

t ——一个工作位置的灌水时间（h）。

（四）轮灌组校核

设计轮灌组数目由地块内灌水小区总数除以轮灌组内灌水小区个数确定，即 $N = N_d N'$ ，允许轮灌组最大数目：

$$N_{max} = \frac{Tt_d}{t}$$

式中 N_{max} ——允许轮灌组最大数目，取整数；

T ——设计灌水周期（d）；

t_d ——设计日灌水时间（h）；

t ——一个工作位置的灌水时间（h）。当 $N \leq N_{max}$ 即为系统设计满足要求。

根据设计成果，合理分配灌水小区，确定轮灌组，制订轮灌方案，填写轮灌分组表，并绘制轮灌组运行图。

八、水泵扬程计算

微灌系统水泵扬程计算参照喷灌设计，由于微灌首部设备较多，各设备水头损失应参照相关资料单独计算。

九、微灌系统设备确定

由于微灌设备属于专用设备，成套化率高，在设备选型时注意设备配套情况，尽量选择同一厂家的设备，便于安装和维修。

对于规模较大或对灌水要求较高的微灌系统，除在首部设置主过滤器外，如灌水小区进口处设置小区施肥装置，还应加装田间过滤设备。

第七节　自压式灌溉系统设计要点

一、自压式灌溉系统的适应条件

在水库、塘坝、山泉、截潜流工程的下游，可利用地形高差发展自压式灌溉系统，包括自压管灌、自压喷灌和自压微灌。在对自压灌溉系统的可行性和合理性进行充分论证中，重点注意以下几点：地形高差是否满足灌溉系统的压力需求；水源是否满足灌溉用水需求，以及建设蓄水工程的可行性和必要性；与其他形式灌溉工程方案的经济性比较；对经济社会发展或环境保护的影响。

在基本情况调查和说明中尤其要充分了解地形和水源条件。

二、设计要点

设计标准、设计步骤及设计内容与相应的工程设计基本相同，在此仅介绍自压式灌溉系统的设计特点。

第一，水源工程。

应充分论证水源选择的可靠性、合理性，重点是来水的水量和流量，应满足需水要求。水量不能满足要求时还可考虑减小灌溉面积，流量不能满足要求时可考虑建设调蓄工程，调蓄计算参照有关规范。由于自压灌溉系统水源多为地表水，对泥沙和悬浮物含量较大的水源，应采取拦截、表层取水、沉淀、过滤等处理措施，保证水质满足要求。

第二，系统减压设计。

对于地形高差超过灌溉系统允许最大承压能力时，应建设减压设施或设备。减压设施和设备包括减压池或减压阀门，地形高差过大的地方可设计多级减压。减压池的高度位置应保证供水地块内最高位置灌水器正常工作。减压阀应通过设置压力表对减压阀的开度进行调节，以满足灌水器正常工作。采用同一管道向不同减压分区供水的应设置不同分区的减压阀。减压阀应与灌水小区的控制阀、管道出水口分别配置。

第三，管网设置及水力计算。

输水干管一般垂直于等高线设置，其管径的选择应以管道沿线地面坡降作为管道水力坡降计算，即：

$$D=\left(\frac{f\times Q^m}{i}\right)^{\frac{1}{b}}$$

式中符号意义及单位同前，其中 i 为管道沿线地面坡降。地面坡降较大时，应校核管道中水的流速，不应大于管道允许冲刷流速。

毛管平行于等高线布置，支管垂直于毛管布置，其水力计算应将支管上的地形高差计算在内，保证灌水器或毛管进水口的水头相对较均衡。

第四，一般不采取提水至高位蓄水池再自压灌溉的形式。如需要进行水量调节或有特殊用水要求时，要论证建设蓄水池的经济合理性，并对蓄水池的调蓄容积进行调蓄计算。

第五，管材承压能力选择。自压灌溉系统管材承压能力应按照相应地块地形高差的静水水头设计，并严格按水锤压力验算方法，对管网承压能力进行校核。

第六，管网系统结构设计。应按照有关规范要求，在管道转弯、变径、变坡等处设置镇墩，并按要求设置支墩。采用金属管道的应采取防腐措施。寒冷地区应设置完善的排水或防冻措施，温差大的主管道应设置伸缩设施。

第三章 PLC 节水灌溉控制技术

第一节 PLC

一、PLC

（一）概述

早期的可编程控制器称作可编程逻辑控制器，简称 PLC，它主要用来代替继电器实现逻辑控制。随着技术的发展，这种装置的功能已经大大超过了逻辑控制的范围，因此，今天这种装置称作可编程控制器，简称 PC。可编程控制器是计算机家族中的一员，是为工业控制应用而设计制造的。但是为了避免与个人计算机的简称混淆，所以将可编程控制器简称 PLC。

（二）PLC 的特点

1. 高可靠性

所有的 I/O 接口电路均采用光电隔离，使工业现场的外电路与 PLC 内部电路之间电气上隔离。各输入端均采用 R-C 滤波器，其滤波时间常数一般为 10~20mso，各模块均采用屏蔽措施，以防止辐射干扰。采用性能优良的开关电源。具有良好的自诊断功能，一旦电源或其他软、硬件发生异常情况，CPU 立即采用有效措施，以防止故障扩大。大型 PLC 还可以采用由双 CPU 构成冗余系统或有三个 CPU 构成表决系统，使可靠性更进一步提高。

2. 丰富的 I/O 接口模块

PLC 针对不同的工业现场信号，如交流或直流、开关量或模拟量、电压或电流、脉冲或电位、强电或弱电等，有相应的 I/O 模块与工业现场的器件或设备直接连接。如按钮、行程开关、接近开关、传感器及变送器、电磁线圈、控制阀等。

为了提高操作性能，它还有多种人机对话的接口模块；为了组成工业局部网络，它还有多种通信联网的接口模块等。

3. 采用模块化结构

为了适应各种工业控制需要，除了单元式的小型 PLC 以外，绝大多数 PLC 均采用模块化结构。PLC 的各个部件，包括 CPU、电源、I/O 等均采用模块化设计，由机架及电缆将各模块连接起来，系统的规模和功能可根据用户的需要自行组合。

4. 编程简单易学

PLC 的编程大多采用类似于继电器控制线路的梯形图形式，对使用者来说，不需要具备计算机的专门知识，因此很容易被一般工程技术人员理解和掌握。

5. 安装简单，维修方便

PLC 不需要专门的机房，可以在各种工业环境下直接运行。使用时只需将现场的各种设备与 PLC 相应的 I/O 端相连接，即可投入运行。各种模块上均有运行和故障指示装置，便于用户了解运行情况和查找故障。由于采用模块化结构，因此一旦某模块发生故障，用户可以通过更换模块使系统迅速恢复运行。

（三）PLC 的功能

1. 顺序控制（开关量控制）

顺序控制的目的是，根据有关开关量的当前与历史的输入状况，产生所要求的开关量输出，以使系统能按一定顺序工作。学会用 PLC 去实现这个控制就得学会编写实现这个控制的程序。控制程序设计方法基本上有两类：一是用逻辑处理方法，用组合或时序逻辑综合，进行输入、输出变换；二是用工程方法设计，按不同要求输出控制命令。逻辑处理方法比较严密，可设计出简练、高效的程序，但较难把握，要有相应的逻辑设计知识。而工程设计方法比较简明，好把握，但效率不是太高。不过，当今 PLC 的资源已足够丰富，效率已不是什么问题了。

工程设计可使用分散、集中或混合的算法实现控制。集中原则（发布命令原则）：其控制命令是由集中控制器发出。这个集中控制器就是 PLC 程序产生的顺序输出的命令。集中原则控制比较简单，也好设计，但它没有反馈，前一个命令不被执行，后续的命令仍照发不误。这种控制用的也很多，如音乐喷泉控制、十字路口红绿灯控制。

分散原则（反馈控制原则）：其控制命令是由分散信号提供。如果把控制输出比喻为发命令，分散控制发出命令的内容及时刻，则是由分散动作完成反馈信号决定。分散控制的优点是有反馈，若收不到反馈信号，后续的命令不会出现，可使所控制的系统能安全、可靠地工作。

混合原则（发布命令与反馈控制原则）：分散与集中均有之。它发什么命令是集中控制的，而什么时候发命令则是分散控制的，由反馈的条件满足与否确定。PLC 的步进指令、移位指令为用这个原则进行设计提供了方便。混合原则兼有分散与集中原则的优点，但程序要复杂一些，使用的指令多些。

2. 过程控制（模拟量控制）

一般讲，过程控制要用到模拟量。模拟量一般是指连续变化的量，如电流、电压、温度、压力等物理量。而这个模拟量要能被 PLC 处理，必须离散化、数字化。PLC 处理后，还要锁存并转换为模拟输出。为此，要配置 A/D 模块，使模拟量离散化、数字化；此外，还要配置 D/A 模块，使数字量锁存并模拟化。PLC 进行过程控制的目的是根据有关模拟量的输入状况，产生所要求的模拟量输出，以使系统能要求工作。

过程控制的类型很多。主要有两类：闭环和开环。

闭环控制：传感器监测调节量，并传送给 A/D 模块。后者使其离散化、数字化。PLC 程序再参考要求值，对其进行处理，进而经 D/A 模块、执行器作用到被控对象上。其目的使调节量按要求变化，闭环控制对种种扰动无须检测及处理，即可达到控制的目的。这是它最大的优点。

开环控制：传感器监测扰动量、PLC 程序依扰动量与调节量间的关系产生控制量，进而再通过输出模块、执行器作用到被控对象上。其目的是在干扰量作用于系统的同时，控制量也作用于该系统，以克服干扰对系统的不利影响。如果能弄清干扰对系统的影响规律，可作用到系统的误差为零。但系统的干扰因素往往较多，不易查清，这也是它用得不多的原因。

在生产中，有时要求若干变量间保持一定的比例关系，如煤气加热炉，就要求煤气与空气要有合适的比例，即空燃比。比例调节器就是要保证在煤气变化的同时，空气也要有相应的变化。比值控制有开环、闭环及多变量比值等。过程控制中还有均匀控制，目的是保证前后设备间的物料流动能得以平衡，以达到均匀生产的目的。此外，还有分程控制，用于有不同工况的生产过程，可做到在各个工况下，都能实现合适的控制。

此外，还有一些高级控制，如模糊控制、专家控制、最优控制、自适应控制、自学习控制、预测控制及复合控制等。

PLC 已经具有较强的计算能力，只要有合适的算法，以上讲的多数控制总是可以实现的。PLC 用于过程控制已是一个趋势。因为用 PLC 实现这个控制，其价格比用别的要低，而且，用它时，在进行模拟量控制的同时，还可以很方便地进行其他控制。再加上各种过程控制模块的开发与应用，以及相关软件的推出及使用，用 PLC 进行种种过程控制已变得很容易，其编程也很简便。所以，目前有的厂家 PLC 用于模拟量控制的份额已超过用于顺序控制。有的还开发了专门用于过程控制的 PPC，即 P（PROGRAMMABLE）P（PROCESS）C（CONTROLLER），可编程过程控制器，为 PLC 用于规模较大过程控制提供了可能。

3. 运动控制（脉冲量控制）

主动控制，是指对工作对象的位置、速度及加速度所做的控制。可以是单坐标控制，即控制对象做直线运动；也可是多坐标控制，即控制对象的平面、立体，以至于角度变换等运动。有时还可控制多个对象，而这些对象间的运动可能还要有协调。

凡机械总是要运动的，所以，运动控制是任何机械所不可缺少的。简单的运动可使用开关量处理，如部件运动的起停控制、方向控制等。但复杂、精确的运动控制则要使用脉冲量。脉冲量也是开关量，只是它的取值总是在 0（低电平）、1（高电平）之间不断地交替变化。脉冲量可把对象的位移与脉冲数对应，如每脉冲控制的位移量很小，其控制的运动精度将很高。

20 世纪 50 年代诞生于美国的数控技术，简称数控（NC），就是基于电子计算机及这个脉冲量的应用而不断发展与完善的运动控制技术。而今，已发展得非常完善，成为当今自动化技术的一个重要支柱

PLC 也已具备处理脉冲量的能力。PLC 有脉冲信号输入点或模块，可接收脉冲量输入（PI）。PLC 有脉冲信号输出点或模块，可输出脉冲量（PO）。有了处理 PI/PO 这两种功能，加上 PLC 已有数据处理及运算能力，完全可以依 NC 的原理进行运动控制。

PLC 运动控制可用闭环，也可用开环。

闭环控制：不断地得知反映控制对象状态的脉冲量，并按要求确定控制输出。这输出可能是开关量出（DO）、模拟量出（AO）或脉冲量出（PO）。用这些输出可使控制对象始终保持所希望的状态。

开环控制：按控制要求有步骤地在相应输出口输出一定频率、一定数量的脉冲，也称为（数字）程序控制。开环控制有一个坐标（一个输出点）的，也有多个坐标（多个输出点）的。在多个坐标中，有坐标控制不相关的，也有相关的。后者可使两个坐标的运动协调，以做到按一定轨迹运动。

开环控制较简单，还能对运动实现协调与精确地控制。数控（NC）技术用的控制机部分多是这个控制。用 PLC 实现这个控制，其价格比用 NC 要低得多。而且，它在进行运动控制的同时，还可进行其他控制。再加上 PLC 各种运动控制模块的开发与应用，以及相关软件的推出及使用，用 PLC 进行种种运动控制已变得很容易，其编程也可使用 NC 语言，很简便。

近年，还出现了专门用于运动控制的 PLC，即可编程运动控制器，P（PROGRAMMABLE）M（MOTION）C（CONTROLLER），简称 PMC。又 为 PLC 用于精度更高、运动行程更大、控制的坐标更多、操作更方便的运动控制提供了很好的平台。所以，用 PLC 进行运动控制，在相当程度上，可以代替价格比其昂贵的数控系统。

4. 信息控制

也称数据处理，是指数据采集、存储、检索、变换、传输及数表处理等。随着技术的发展，PLC不仅可用作系统的工作控制，还可用作系统的信息控制。

PLC用于信息控制有两种：专用和兼用。专用，PLC只用作采集、处理、存储及传送数据。兼用，在PLC实施控制的同时，也可实施信息控制。PLC用作信息控制，或兼做信息控制，既是PLC应用的一个重要方面，又是信息化的基础。

5. 远程控制

远程控制，是指对系统的远程部分的行为及其效果实施检测与控制。PLC有多种通信接口，有很强的联网、通信能力，并不断有新的联网的模块与结构推出。所以，PLC远程控制是很方便的。PLC与PLC可组成控制网可通信、交换数据，相互操作。参与通信的PLC可多达几十、几百个。PLC与智能传感器、智能执行装置（如变频器）可联成设备网，也可通信、交换数据，相互操作。可连接成远程控制系统，系统范围面可大到几十、几百公里或更大。这种远程控制既提高了控制能力，又简化了硬件接线及维护PLC与可编程终端也可联网、通信。PLC的数据可在它上面显示，也可通过它向PLC写数据，使它成为人们操作PLC的界面。PLC可与计算机通信，加进信息网。利用计算机具有强大的信息处理及信息显示功能，可实现计算机对控制系统的监控与数据采集SCADA（Supervisory Control anddata Acquisition）。同时，还可用计算机进行PLC编程、监控及管理。

PLC还有以太网模块，可使PLC加入互联网，也可设置自己的网址与网页。任何可上网的计算机，只要权限允许，就可直接对其进行访问。远程控制也已是PLC应用的重要方面。

远程控制则是使在信息化基础上的自动化能远程化它既可实现各个角落信息汇总，保证信息完整，为信息的全面使用提供方便，又为自动化的扩展，能从局部的设备级发展到全局的生产线级、车间级，以至于工厂级、地域级，建立自动化工厂、数字化城市提供可能。

（1）小型PLC

小型PLC的I/O点数一般在128点以下，其特点是体积小、结构紧凑，整个硬件融为一体，除了开关量I/O以外，还可以连接模拟量I/O以及其他各种特殊功能模块。它能执行包括逻辑运算、计时、计数、算术运算、数据处理和传送、通信联网以及各种应用指令。

（2）中型PLC

中型PLC采用模块化结构，其I/O点数一般在256~1024点。I/O的处理方式除了采用一般PLC通用的扫描处理方式外，还能采用直接处理方式，即在扫描用户程序的过程中,直接输入,刷新输出。它能连接各种特殊功能模块,通信联网功能更强,指令系统更丰富,内存容量更大,扫描速度更快。

(3)大型 PLC

一般 I/O 点数在 1024 点以上的称为大型 PLC。大型 PLC 的软、硬件功能极强,具有极强的自诊断功能。通信联网功能强,有各种通信联网的模块,可以构成三级通信网,实现工厂生产管理自动化。大型 PLC 还可以采用三 CPU 构成表决式系统,使机器的可靠性更高。

(五)PLC 的基本结构

PLC 实质是一种专用于工业控制的计算机,其硬件结构基本上与微型计算机相同。

1. 中央处理单元(CPU)

中央处理单元(CPU)是 PLC 的控制中枢。它按照 PLC 系统程序赋予的功能接收并存储从编程器键入的用户程序和数据,检查电源、存储器、I/O 以及警戒定时器的状态,并能诊断用户程序中的语法错误。当 PLC 投入运行时,首先它以扫描的方式接收现场各输入装置的状态和数据,并分别存入 I/O 映像区,然后从用户程序存储器中逐条读取用户程序,经过命令解释后按指令的规定执行逻辑或算数运算的结果送入 I/O 映像区或数据寄存器内。等所有的用户程序执行完毕之后,最后将 I/O 映像区的各输出状态或输出寄存器内的数据传送到相应的输出装置,如此循环,直到停止运行。

为了进一步提高 PLC 的可靠性,近年来对大型 PLC 还采用双 CPU 构成冗余系统,或采用三 CPU 的表决式系统。这样,即使某个 CPU 出现故障,整个系统仍能正常运行。

2. 存储器

存放系统软件的存储器称为系统程序存储器。存放应用软件的存储器称为用户程序存储器。

(1)PLC 常用的存储器类型

RAM(Random Assessmemory)是一种读/写存储器(随机存储器),其存取速度最快,由锂电池支持。

只读存储器。在断电情况下,存储器内的所有内容保持不变(在紫外线连续照射下可擦除存储器内容)。

EEPROM(Electrical Erasable Programmable Read Onlymemory)是一种电可擦除的只读存储器。使用编程器就能很容易地对其所存储的内容进行修改。

(2)PLC 存储空间的分配

虽然各种 PLC 的 CPU 的最大寻址空间各不相同,但是根据 PLC 的工作原理其存储空间一般包括以下三个区域:系统程序存储区、系统 RAM 存储区(包括 I/O 映像区和系统软设备等）、用户程序存储区。

①系统程序存储区

在系统程序存储区中存放着相当于计算机操作系统的系统程序，包括监控程序、管理程序、命令解释程序、功能子程序、系统诊断子程序等。由制造厂商将其固化在 EPROM 中，用户不能直接存取。它和硬件一起决定 PLC 的性能。

②系统 RAM 存储区

系统 RAM 存储区包括 I/O 映像区以及各类软设备，如逻辑线圈、数据寄存器、计时器、计数器、变址寄存器、累加器等。I/O 映像区由于 PLC 投入运行后，只是在输入采样阶段才依次读入各输入状态和数据，在输出刷新阶段才将输出的状态和数据送至相应的外设。因此，它需要一定数量的存储单元（RAM）以存放 I/O 的状态和数据，这些单元称作 I/O 映像区。

一个开关量 I/O 占用存储单元中的一个位（hit），一个模拟量 I/O 占用存储单元中的一个字（16 个 bit）。因此整个 I/O 映像区可看作两个部分组成，即开关量 I/O 映像区和模拟量 I/O 映像区。

③系统软设备存储区

除了 I/O 映像区以外，系统 RAM 存储区还包括 PLC 内部各类软设备（逻辑线圈、计时器、计数器、数据寄存器和累加器等）的存储区。该存储区又分为具有失电保持的存储区域和无失电保持的存储区域。前者在 PLC 断电时，由内部的锂电池供电，数据不会遗失；后者在 PLC 断电时，数据被清零。逻辑线圈与开关输出一样，一个位，但不能直接驱动外设，器控制线路中的继电器。另外，线圈，具有不同的功能。

数据寄存器与模拟量 I/O 一样，每个数据寄存器占用系统 RAM 存储区中的一个字（16hits）。另外，PLC 还提供数量不等的特殊数据寄存器，具有不同的功能，如计时器、计数器等。

④用户程序存储区

用户程序存储区存放用户编制的程序。不同类型的 PLC，其存储容量各不相同。

3. 电源

PLC 的电源在整个系统中起着十分重要的作用，如果没有一个良好的、可靠的电源系统是无法正常工作的，因此 PLC 的制造商对电源的设计和制造也十分重视。一般交流电压波动在＋10%（＋15%）范围内，可以不采取其他措施而将 PLC 直接连接到交流电网上去。

（六）PLC 的工作原理

最初研制生产的 PLC 主要用于代替传统的由继电器、接触器构成的控制装置，但这两者的运行方式是不相同的。

继电器控制装置采用硬逻辑并行运行的方式,即如果这个继电器的线圈通电或断电,该继电器所有的触点（包括其常开或常闭触点）在继电器控制线路的哪个位置上都会立即同时动作。

PLC 的 CPU 则采用顺序逻辑扫描用户程序的运行方式,即如果一个输出线圈或逻辑线圈被接通或断开,该线圈的所有触点（包括其常开或常闭触点）不会立即动作,必须等扫描到该触点时才会动作。

为了消除二者之间由于运行方式不同而造成的差异,考虑到继电器控制装置各类触点的动作时间一般在 100ms 以上,而 PLC 扫描用户程序的时间一般均小于 100ms,因此,PLC 采用了一种不同于一般微型计算机的运行方式——扫描技术。这样,在对于 I/O 响应要求不高的场合,PLC 与继电器控制装置的处理结果就没有什么区别了。

1. 扫描技术

当 PLC 投入运行后,其工作过程一般分为三个阶段:输入采样、用户程序执行和输出刷新。完成上述三个阶段称作一个扫描周期。在整个运行期间,PLC 的 CPU 以一定的扫描速度重复执行上述三个阶段。

（1）输入采样阶段

在输入采样阶段,PLC 以扫描方式依次地读入。

所有输入状态和数据,并将它们存入 I/O 映像区中的相应的单元内。输入采样结束后,转入用户程序执行和输出刷新阶段。在这两个阶段中,即使输入状态和数据发生变化,I/O 映像区中的相应单元的状态和数据也不会改变。因此,如果输入是脉冲信号,则该脉冲信号的宽度必须大于一个扫描周期,才能保证在任何情况下,该输入均能被读入。

（2）用户程序执行阶段

在用户程序执行阶段,PLC 总是按由上而下的顺序依次地扫描用户程序（梯形图）。在扫描每一条梯形图时,又总是先扫描梯形图左边的由各触点构成的控制线路,并按先左后右、先上后下的顺序对由触点构成的控制线路进行逻辑运算,然后根据逻辑运算的结果,刷新该逻辑线圈在系统 RAM 存储区中对应位的状态;或者刷新该输出线圈在 I/O 映像区中对应位的状态;或者确定是否要执行该梯形图所规定的特殊功能指令。即在用户程序执行过程中,只有输入点在 I/O 映像区内的状态和数据不会发生变化,而其他输出点和软设备在 I/O 映像区或系统 RAM 存储区内的状态和数据都有可能发生变化,而且排在上面的梯形图,其程序执行结果会对排在下面的凡是用到这些线圈或数据的梯形图起作用;相反,排在下面的梯形图,其被刷新的逻辑线圈的状态或数据只能到下一个扫描周期才能对排在其上面的程序起作用。

（3）输出刷新阶段

当扫描用户程序结束后,PLC 就进入输出刷新阶段。在此期间,CPU 按照 I/O 映像区内对应的状态和数据刷新所有的输出锁存电路,再经输出电路驱动相应的外设。这时,才是 PLC 的真正输出。

一般来说,PLC 的扫描周期包括自诊断、通信等,即一个扫描周期等于自诊断、通信、输入采样、用户程序执行、输出刷新等所有时间的总和。

2.PLC 的 I/O 响应时间

为了增强 PLC 的抗干扰能力,提高其可靠性,入端都采用光电隔离等技术。为了能实现继电器控制线路的硬逻辑并行控制,PLC 采用了不同于一般微型计算机的运行方式(扫描技术)。这两个主要原因,使得 PLC 的 I/O 响应比一般微型计算机构成的工业控制系统慢,其响应时间至少等于一个扫描周期,一般均大于一个扫描周期甚至更长。

所谓 I/O 响应时间指从 PLC 的某一输入信号变化开始到系统有关输出端信号的改变所需的时间。

3.PLC 的 I/O 系统

PLC 的硬件结构主要分单元式和模块式两种。前者将 PLC 的主要部分(包括 I/O 系统和电源等)全部安装在一个机箱内。后者将 PLC 的主要硬件部分分别制成模块,然后由用户根据需要将所选用的模块插入 PLC 机架上的槽内,构成一个 PLC 系统。

不论采取哪一种硬件结构,都必须确立用于连接工业现场的各个输入 / 输出点与 PLC 的 I/O 映像区之间的对应关系,即给每一个输入 / 输出点以明确的地址,确立这种对应关系所采用的方式称为 I/O 寻址方式。

I/O 寻址方式有以下三种。

(1)固定的 I/O 寻址方式

这种 I/O 寻址方式是由 PLC 制造厂家在设计、生产 PLC 时确定的,它的每一个输入 / 输出点都有一个明确的固定不变的地址。一般来说,单元式的 PLC 采用这种 I/O 寻址方式。

(2)开关设定的 I/O 寻址方式

这种 I/O 寻址方式是由用户通过对机架和模块上的开关位置的设定来确定的。

(3)用软件来设定的 I/O 寻址方式

这种 I/O 寻址方式是由用户通过软件来编制 I/O 地址分配表来确定的。

第二节　组态软件

一、组态软件介绍

组态（Configure）的含义是配置、设定、设置，是指用户通过类似"搭积木"的简单方式来完成自己所需要的软件功能，而不需要编写计算机程序，也就是所谓的"组态"，有时也被称为"二次开发"。组态软件被称为"二次开发平台监控（Supervisory Control），即监视和控制，是指通过计算机信号对自动化设备或过程进行监视、控制和管理，简单地说，组态软件能够实现对自动化过程和装备的监视和控制。它能从自动化过程和装备中采集各种信息，并将信息以图形化等更易于理解的方式进行显示，将重要的信息以各种手段传送给相关人员，对信息执行进行必要分析处理和存储，发出控制指令等。

组态软件的应用领域很广，它可以应用于电力系统、给水系统、石油、化工等领域的数据采集与监视控制以及过程控制等诸多领域。

组态软件是指一些数据采集与过程控制的专用软件，它们是自动控制系统监控层一级的软件平台和开发环境，且使用灵活的组态方式，为用户提供快速构建工业自动控制系统监控功能的、通用层次的软件工具。

组态软件应该能支持各种工控设备和常见的通信协议，并且通常应提供分布式数据管理和网络功能。对应于原有的 HMI（人机接口软件，Humanmachine Interface）的概念，组态软件是一个使用户能快速建立自己的 HMI 的软件工具或开发环境。在组态软件出现之前，工控领域的用户通过手工或委托第三方编写 HMI 应用，开发时间长、效率低、可靠性差；或者购买专用的工控系统，通常是封闭的系统，选择余地小，往往不能满足需求，很难与外界进行数据交互，升级和增加功能都受到严重的限制。组态软件的出现把用户从这些困境中解脱出来，可以利用组态软件的功能，构建一套最适合自己的应用系统。随着它的快速发展，实时数据库、实时控制、SCADA、通信及联网、开放数据接口、对 I/O 设备的广泛支持已经成为它的主要内容。随着技术的发展，监控组态软件将会不断被赋予新的内容。

在组态软件中，通过组态生成的一个目标应用项目在计算机硬盘中占据唯一的物理空间（逻辑空间），可以用唯一的一个名称来标识，被称为一个应用程序。在同一计算机中可以存储多个应用程序，组态软件通过应用程序的名称来访问其组态内容，打开其组态内容进行修改或将其应用程序装入计算机内存投入实时运行。

组态软件的结构划分有多种标准，这里以使用软件的工作阶段和软件体系的成员构成两种标准讨论其体系结构。

二、组态软件的划分

（一）按照系统环境划分

按照系统环境划分，组态软件由系统开发环境和系统运行环境构成的。

1. 系统开发环境

系统开发环境是自动化工程设计工程师为实施其控制方案，在组态软件的支持下进行应用程序的系统生成工作所必需依赖的工作环境。通过建立一系列用户数据文件，生成最终的图形目标应用系统，供系统运行环境运行时使用。系统开发环境由若干个组态程序组成，如图形界面组态程序、实时数据库组态程序等。

2. 系统运行环境

在系统运行环境下，目标应用程序被装入计算机内存并投入实时运行。系统运行环境由若干个运行程序组成，如图形界面运行程序、实时数据库运行程序等。组态软件支持在线组态技术，即在不退出系统运行环境的情况下，可以直接进入组态环境并修改组态，使修改后的组态直接生效。

自动化工程设计工程师最先接触的一定是系统开发环境，通过一定工作量的系统组态和调试，最终将计划应用程序在系统运行环境投入实时运行，完成一个工程项目。

（二）按照成员构成划分

其中必备的典型组件包括以下几种：

1. 应用程序管理器

应用程序管理器是提供应用程序的搜索、备份、解压缩、建立新应用等功能的专用管理工具。在自动化工程设计工程师应用组态软件进行工程设计时，经常会遇到一些烦恼：经常要进行组态数据的备份；经常需要引用以往成功应用项目中的部分组态成果（如画面）；经常需要迅速了解计算机中保存了哪些应用项目。虽然这些要求可以用手工方式实现，但效率低下、极易出错。有了应用程序管理器的支持，这些操作将变得非常简单。

2. 图形界面开发程序

图形界面开发程序是自动化工程设计工程师为实施其控制方案，在图形编辑工具的支持下进行图形系统生成工作所依赖的开发环境。通过建立一系列用户数据文件，生成最终的图形目标应用系统，供图形运行环境运行时使用。

3. 图形界面运行程序

在系统运行环境下，图形目标应用系统被图形界面运行程序装入计算机内存并投入实时运行。

4. 实时数据库系统组态程序

有的组态软件只在图形开发环境中增加简单的数据管理功能，因而不具备完整的实时数据库系统。目前比较先进的组态软件都有独立的实时数据库组件，以提高系统的实时性，增强处理能力。实时数据库系统组态程序是建立实时数据库的组态工具，可以定义实时数据库的结构、数据来源、数据连接、数据类型及相关的各种参数。

5. 实时数据库系统运行程序

在系统运行环境下，目标实时数据库及其应用系统被实时数据库系统运行程序装入计算机内存并执行预定的各种数据计算、数据处理任务。历史数据的查询、检索、报警的管理都是在实时数据库系统运行程序中完成的。

6.I/O 驱动程序

I/O 驱动程序是组态软件中必不可少的组成部分，用于和 I/O 设备通信，互相交换数据，DDE 和 OPC Client 是两个通用的标准 I/O 驱动程序，用来支持 DDE 标准和 OPC 标准的 I/O 设备通信。多数组态软件的 DDE 驱动程序被整合在实时数据库系统或图形系统中，而 0PCClient 则多数单独存在。

三、组态软件的发展应用现状

组态软件产品大约在 20 世纪 80 年代中期在国外出现，在中国也已有将近 20 年的历史。早在 80 年代末 90 年代初，有些国外的组态软件就开始进入中国市场。随着改革开放的深入，人们对软件的观念有了重大改变。早些年组态软件的应用推广工作也打下了一定的基础，业内人士已经认识到组态软件的重要性，并接受它而不再热衷于在项目中搞低层次的编程开发。自动控制系统要上等级，对上位监控组态软件的市场需求增加，一些组态软件的生产商和供货商亦逐步加大了在中国市场的推广力度，并在价格方面做出政策性调整，加之微软 32 位 windows95 和 NT 的推出，为组态软件提供了一个更适宜的操作系统平台，使各生产供应商随后跟进的 32 位组态软件产品的性能指标和功能进一步加强。所有这些因素的综合，给组态软件在中国市场带来了新的生机。从那时起，更多的项目中正式有了组态软件的专项预算，各种相关设计方案和招（投）标书中也都出现了单列的组态软件栏目，越来越多的专业销售商和系统集成厂家加入了这个市场。现在组态软件已经在中国市场确立了应有的地位，并逐步进入上升期。

目前中国市场上的组态软件产品按厂商划分大致可以分为三类，即国外专业软件厂商提供的产品、国内外硬件或系统合作厂商提供的产品，以及国内自行开发的产品。从近几年的调查结果看，国内组态软件市场大部分份额仍被国外几家组态软件占据，如 Fix、Intouch 等，这些"洋软件"除了在功能完备性、产品包装、市场推广等方面具有一定优势外，并非所有方面都尽善尽美。

第三节　基于 PLC 的组态软件节水灌溉控制实例

一、系统简介

近年来，传统的灌溉方式已不能满足现代灌溉的要求，采用高效的灌溉方式势在必行。只有采用自动化的控制方式才能满足现代灌溉的要求。

温室大棚大量出现对控制和灌溉也提出了更高的要求。

灌溉工程自动控制系统，采用目前主流的工业自动化控制网络，来实现系统的网络管理方式。该系统采用了先进的计算机网络技术、工控组态到灌溉系统的运行情况，并自动对系统的运行情况进行记录、分析，并实现故障排除等实际有效的功能，实现泵站现场的无人值守，减少了管理人员，节省了管理费用，提高了经济效益，真正实现了节能、环保、节约用水的目的。

二、系统功能

（一）上位企业管理功能

它是基于 WWW 服务器的方式来实现，各职能管理部门通过企业的内部网络，使用 Windows 系统自带的标准浏览器，对现场的实时数据和设备的运行状态进行监控。领导即使远在千里之外，也能够通过拨号上网，浏览现场的设备工作状态。

（二）全自动化监控功能

采用当今最流行的全中文工控组态软件，利用组态软件开发监控应用软件，可以动态直观地显示灌溉系统的实际运转情况，同时对灌溉设备的数据完成存储、统计分析、报表显示、打印和记录等功能。

（三）PLC 控制功能

采用德国西门子公司的 S7 系列可编程控制器，该 PLC 性能稳定、可靠，安装简便，现场接线迅速，编程简单，标准的梯形图编程使得工程人员易学易用，同时总线接口控制模块采用标准的工业总线通信协议，满足监控系统通信的要求。

（四）恒压变频供水控制功能

采用交流电动机变频调速技术，由 PID 闭环控制，能自动按照系统用水量和设定的压力调节其供水量，不仅使系统供水压力恒定，还能达到最理想的节能效果，同时不同的设定压力可以满足不同灌溉方式的需要。

（五）自动除沙和过滤功能

在灌溉工程自动控制系统中，设计了新型的自动除沙器和自动过滤器。通过检测系统中灌溉水的压力，自动开启除沙器和过滤器除去系统管道水中的沙粒和悬浮物，使灌溉系统能顺畅地运行，延长喷头的使用寿命。

三、灌溉工程自动控制系统结构说明

（一）上位管理层

使用基于 WWW 服务器的方式来实现。各职能管理部门通过企业的内部网络，使用 Windows 系统自带的标准浏览器，就能对现场的实时数据和设备的运行状态进行监控。也能够通过拨号上网，浏览现场设备的工作状态。

（二）调度监控层

由工业控制计算机和现场工业总线控制卡构成；两套工业控制计算机构成双机热备系统，使整个系统的可维护性、可扩充性和可管理性得到大幅度提高，使系统的第三层——上位企业管理层能够快速方便地实现。

（三）现场采集层

完成对安装在泵房里现场设备的运行状态和检测数据的实时采集和控制。

四、上位管理系统

（一）管理系统功能

网上浏览：上位企业管理层使用基于 WWW 服务器的方式来实现。各职能管理部门，通过企业的内部网络，使用 Windows 系统自带的标准浏览器，就能监控现场的实时数据和设备的运行状态。还能够通过拨号上网，浏览现场的设备工作状态。

网上发布：能够将灌溉系统的数据和图像在将来建成的企业内部网上发布，基地的各级管理部门可以根据不同的权限，通过局域网浏览和下载自己所需要的信息。

（二）管理系统硬件组成

WWW 网络版组态软件、服务器、HUB 集线器和网卡等。

五、自动化监控系统

（一）自动监控系统概况

随着社会的发展和进步，人们对生产的要求也越来越高，要求生产能实时、连续地监控。全自动化灌溉监控系统采用了当今社会最流行的组态软件技术，利用组态软件为用户开发提供了良好的人机界面，直观易懂。能够实时、连续地将整个灌溉系统的生产、运行情况在集中监控室中显示，并进行记录、分析，并实现故障排查等实际有效的功能。

出于设备和人员的安全考虑，自动监控系统能够根据所收集的信息确定泵房内的灌溉设备的运行状况良好与否。对于超出安全标准或工艺要求的数据要设置报警功能，并且要按照既定的操作规程尽可能快速地采取措施，排除故障或危险，恢复系统正常运行。

（二）自动监控系统功能

接收各泵站内的电磁流量计所产生的流量信号，进行计算累加和统计打印。

接收各泵站内的差压传感器所产生的压差信号，并在压差达到设定值时，自动启动除沙器和过滤器的电磁阀进行排污冲洗。

可在中控室对泵房的水泵及电磁阀进行自动启停和频率设定，并对水泵及电磁阀的工作状态自动监控并动态模拟显示各泵站的水泵、电磁阀、电磁流量计、除沙器、过滤器的工作状态。

在中控室可用监控画面与大屏幕投影仪同时模拟显示灌溉系统泵房位置与各泵站水泵工作状态，显示各级输配水管路布置系统及灌溉田间苗木种植结构平面图。

各泵房的水泵及电磁阀、除沙器、变频系统均设置报警装置，若在运行中有一处控制设备出现故障，则警灯闪亮、发出报警声并在瞬间自动切断电源，停止水泵运行，并显示、记录、打印故障；同时，通过手机短信的方式通知维护人员处理。

监控系统采用人机对话操作，根据画面提示，按步骤操作就可实现各项控制功能，操作简单、容易掌握。

（三）自动监控系统组成

自动监控系统主要由三部分组成：监控计算机、大屏幕显示系统及 Profibus 总线控制卡。

1. 监控计算机

在计算机技术飞速发展的今天，计算机在各行各业的应用越来越广泛；各类应用软件不断被开发出来，给生产和管理带来了巨大的变化，数字技术在灌溉系统中也发挥着重要作用。

（1）组态软件技术

监控计算机采用计算机网络组态软件技术。组态软件是自动化监控领域流行的一种软件开发包，由于它能够提供丰富而又形象的图形资源，简单易学的编程环境，强大的扩展能力，并且随着生产、经营的不断需求，它在数据处理、网络通信等方面的能力也日益增强。全中文工控组态软件的特点和主要功能如下。

全中文、可视化、面向窗口的组态开发界面，真正的 32 位程序，支持多任务、多线程，可运行于 Windows95/98/Me/NT/2000 等多种操作系统。

庞大的标准图形库、完备的绘图工具集以及丰富的多媒体支持，使您能够快速地开发出集图像、声音、动画等于一体的漂亮、生动的工程画面。

全新的 ActiveX 动画构件，包括存盘数据处理、条件曲线、计划曲线、相对曲线、通用棒图等，使您能够更方便、更灵活地处理、显示生产数据。

支持目前绝大多数硬件设备，同时可以方便地定制各种设备驱动；此外，独特的组态环境调试功能与灵活的设备操作命令，使硬件设备与软件系统间的配合天衣无缝。

简单易学的类 Basic 脚本语言与丰富的 MCGS 策略构件，使您能够轻而易举地开发出复杂的流程控制系统。

强大的数据处理功能，能够对工业现场产生的数据以各种方式进行统计处理，使管理人员能够在第一时间获得有关现场情况的第一手数据。

方便的报警设置、丰富的报警类型、报警存储与应答、实时打印报警报表以及灵活的报警处理函数。

提供了一套完善的安全机制，用户能够自由设定菜单、按钮及退出系统的操作权限。此外，还提供了工程密码、锁定软件狗、工程运行期限等功能，以保护组态开发者的成果。

良好的可扩充性，可通过 OPC、DDE、ODBC，ActiveX 等机制，方便地扩展。

使用 WWW 网络版组态软件，能够方便地实现设备管理与企业管理的集成。在整个企业范围内，使用 IE 浏览器就可以方便地浏览到实时和历史的生产信息。

（2）双机热备份技术

调度监控站直接采用工业控制计算机和 Profibus 总线控制卡构成。为了确保系统长期稳定工作，做到万无一失，可以使用两套工业控制计算机构成双机热备系统，当一台计算机有问题时，另外一台自动接替工作。使用双机热备份的解决方案把传统意义的中间工作站和上位监控站合二为一，是当今极为流行和实用的解决方案，本方案既保证了系统的可靠性，又简化了系统的构造，使整个系统的可维护性、可扩充性和可管理性得到大幅度提高，使系统的第三层——上位企业管理层能够快速方便地实现。

2. 大屏幕显示系统

利用投影仪、拼接屏、LED屏等，将软件管理界面显示出来，供管理者和参观者观看。

3.Profibus 总线控制卡

现场总线是最近在自动化领域兴盛起来的新概念、新模式，它融合了自动控制、计算机、网络、通信等高科技的核心技术，为自动化系统的开发、应用提供了新的实现方法和工作机制。现场总线的特点有以下几点：

所有的检测信号、控制信号都是以数字量的形式传输，速度更快，抗干扰能力更强；

真正的网络拓扑结构，使得数据的共享更方便，系统的组合更方便，通信服务的效率与可靠性更高。

目前，许多大公司都能够提供完善的、可靠的现场总线产品，如西门子、三菱、通用、霍尼韦尔、欧姆龙等。德国西门子公司的 Profibus 现场总线系列产品，构成一个三层结构，现场采集层、调系统，为数据的安全可靠提供了保证，并且具有良好的扩展性。

4. 自动监控系统工作原理过程

监控计算机通过 Profibus 现场总线与数据采集工作站通信，接收每个数据采集站发送上来的数据，对于报警等意外情况，上位机系统能够给数据采集工作站发出合适的操作命令。同时，利用组态软件开发的监控应用软件，可以实时、动态地显示灌溉系统的实际运转情况，也可以对灌溉设备的数据完成存储、统计分析、报表显示、打印和记录等处理工作。通过网络可将监控计算机上灌溉系统的数据和图像在将来建成的企业内部网上发布，基地的各级管理部门可以根据不同的权限，通过局域网浏览和下载自己所需要的信息。通过投影仪将监控计算机上灌溉系统运行画面以及其他宣传资料投影到大屏幕上，供参观者浏览。

（六）现场 PLC 控制和联网

1. 可编程控制器简介及特点

（1）可编程控制器简介

可编程控制器已广泛用于工业自动控制。它性能稳定，抗干扰性强。我们采用 PLC 接收来自现场采集站的数据，同时处理接收到的信号发出驱动信号。

（2）可编程控制器特点

可编程控制器已在各个行业得到普遍使用。大量的应用案例已证明了 PLC 的可用性、可靠性。

安装简便，现场接线迅速，节省工作人员大量时间；产品结构紧凑，组合灵活，扩展方便。

总线接口控制模块采用标准的 Profibus 总线通信协议，Profibus 总线通信协议，速度为 2Mbps，最远传输距离为 7.8 公里，能够满足监控系统通信的要求。

Profibus 总线的通信介质要求是屏蔽双绞线，因而降低工程施工造价，节省了投资。可编程控制器产品的编程简单，标准的梯形图编程使得工程人员易学易用。

2. 可编程控制器联网

可编程控制器通过 Profibus 现场总线接收到现场泵房的压力、压差、流量等模拟量信号并经过模拟量转换处理器处理后通过电缆传给主机（即监控计算机），并通过网卡传给计算机进行显示、设定压差值、计各泵房的流量并进行自动换算累加。

3. 现场泵房控制过程

恒压供水控制：通过安装在管网上的压力传感器，把水压转换成 4~20mA 的模拟信号，通过 PLC（可编程控制器）处理，同时发出输出信号传递给变频柜里变频器内置的 PID 控制器，来改变电动水泵转速，从而达到恒压供水目的。

自动除沙过滤控制：通过接受差压传感器测得的压差信号，并且在压差达到设定值时，自动地启动除沙器和过滤器，达到排除沙石和悬浮渣滞的目的，使灌溉系统能顺畅运行。

自动施肥控制：通过调节施肥调压阀，达到自动施肥目的。

（七）恒压变频供水控制系统

1. 恒压供水系统概况

该供水系统采用国际上广泛应用的交流电动机变频调速技术，不需要水塔、高位水箱等设施，且能自动按照系统用水量和设定的压力调节其供水量，除能保持系统供水压力恒定之外，还可以达到最理想的节能效果。

所选用的变频调速装置，使用大功率晶体管逆变器和微机矢量控制系统，输出电压为正弦波。在变频范围、动态响应、调速精度、工作效率、功率因数以及可靠性方面，优于其他任何一种交流调速方式，它具有瞬间停电保护、瞬时过电流保护、欠电压保护、过电压保护、过负载保护、过热保护等多种保护功能，故安全可靠。

2. 恒压供水系统特点

技术先进：采用先进的矢量型变频器、完善可靠的可编程控制器（PLC），对水泵机组进行控制，实现恒压变量供水、智能化供水。

自动化高：采用数字控制、水泵循环软启动，操作方便。模块式设计、标准化接口适应各种供水方式。

高效节能：设备自动根据水压的变化调节水泵的供水量，达到节能的目的。

功能齐全：设备具有手动、自动、远距离操纵方式，定期自动巡检和手动检测功能，可手动 / 自动设定 1~4 个工作水压，系统压力 LED 显示，变频器、电机工况及故障指示；

保护完善：设备具有完善的电气安全保护及故障自诊断、处理功能、断水及液位低停机和水泵故障自动跨越功能，如过流、过压、欠压、过载等。

对 15kW 以上的水泵使用软启动控制技术，对单台水泵实现系统不停机维护，方便调试和维修。

3. 恒压供水系统原理

系统由可编程控制器、变频器和电动机组成，采用可编程序控制器（PLC）控制变频调速器，具有控制水泵恒压供水的功能。通过安装在管网上的压力传感器，把水压转换成 4~20mA 的模拟信号，通过变频器内置的 PID 控制器，来改变电动水泵转速。当用户用水量增大，管网压力低于设定压力时，变频调速的输出频率将增大，水泵转速提高，供水量较现场控制箱大；当达到设定压力时，电动水泵的转速不再变化，使管网压力恒定在设定压力上；反之亦然。这样通过闭环 PID 控制就达到恒压供水的目的。

当电机出现故障，如过压、过流、过载、电机过热保护，系统会自动停止运行，当系统恢复后，再重新按操作步骤进行操作。

（八）自动除沙和过滤系统

1. 自动除沙和过滤系统概况

自动除沙和过滤系统采用国际上先进的除沙和过滤技术，不需要人工操作，能自动按设定的时间或根据差压传感器测得的压力差值，自动开启除沙器或过滤器，达到排除沙石和悬浮物的目的，使灌溉系统能顺畅地运行。

2. 自清式鱼雷除沙器

鱼雷除沙器由一个滤网和一个滤网内的鱼雷形分流梭组成，鱼雷形分流梭是一个静止的流体装置，它占据了滤筒内的大部分空间，从而引起了沿滤网方向的高流速，这样就可以阻止颗粒滞留于滤网上，定期打开电磁排放阀可将污物排出积沙区，而无须打开过滤器来清洗。

自清式鱼雷除沙器控制过程：当系统运行一段时间后，由于水中含沙粒，沙粒积累在除沙器的滤筒，从而使得除沙器进出口产生了压差。当差压传感器测得的压差值达到开始设定值，则差压传感器传递一个模拟信号给 PLC（可编程控制器），PLC 处理接收到的压差模拟信号，然后发出一个驱动信号，驱动自清式鱼雷除沙器的电磁排污阀，排出滤筒里的沙粒。

这样就完成了整个控制过程。

3. 自清式过滤器

过滤程序：水从进水口进入过滤装置，经过装置内的过滤网过滤后，水从出水口连续流出，过滤的精度可根据用户的要求选择。经过一段时间，在滤网表面会产生压差，通过排污阀可排出。整个过滤过程是连续的，并且设计成很小的压降。

清洗程序：当进出口水的压差达到 0.05MPa 时，过滤器的清洗程序开始运行。清理排放阀打开，马达带动过滤器筒体内不锈钢刷转动。杂质微粒被转动的钢刷从滤网上刷下，然后经排放阀排出。清洗时间持续 30s 左右，系统过滤正常进行，不受清洗程序的影响。

控制程序：系统的控制过程是根据过滤装置进出口的压力的变化来实现的。给差压开关一个设定值，当差压开关检测到信号就会给 PLC 一个信号，PLC 接收并发出信号，驱动马达及排放阀，清洗程序自动进行；也可以设定一个时间或人工来控制清洗过程。

第四章　水电站压力管道设计

第一节　水电站压力管道的功用、类型与要求

水电站压力管道是从水库、压力前池或调压室向水轮机输送水量的水管，一般为有压状态。水电站压力管道的特点是，集中了水电站大部分或全部的水头，坡度较陡、内水压力不同时还要承受动水压力的冲击（水击压力）旬另外，因其靠近厂房一旦发生破坏会严重威胁厂房安全。鉴于以上叙述，水电站压力管道是极具特殊重要性的器件，故对其材料、设计方法和加工工艺等都有许多特殊要求。压力管道的主要荷载为内水压力，管道的内直径 Q（m）和其承受的水头 H（m）及其乘积（HD 值）是标志压力管道规模及技术难度的重要参数，目前最大直径的钢管是巴基斯坦塔贝拉水电站第三期扩建工程的隧洞内明敷钢管（直径 13.26m）。HD 值很高的水电站压力管道多见于抽水蓄能电站（目前最高值已超过 5000m2）。

水电站压力管道可按布置形式和所用材料的不同进行分类，压力管道的常见类型见表 4-1。其中，明管适用于引水式地面厂房，地下埋管多为引水式地面或地下厂房采用，混凝土坝身管道则只能在混凝土坝式厂房中使用。由于钢材强度高、防渗性能好，故钢管或钢衬混凝土衬砌管道主要用于中、高水头水电站，而钢筋混凝土管则适用于普通中、小型水电站。除了表 4-1 中所列的压力管道类型外，可用作水电站压力管道的还有回填管（多用于尾矿坝排水管）、土坝下埋管、木管、铸铁管等（这些类型的管道目前在大、中型水电站中已基本不用，但在小型水电站中有时还能见到）。

表 4-1　压力管道的常见类型

结构形式	使用材料及构造特点
明管或称露天式，是指布置在地面上的水电站压力管道	为钢管或钢筋混凝土管
地下埋管是指埋入地下山岩中的水电站压力管道	不衬砌、锚喷或混凝土衬砌、钢衬混凝土衬砌，为聚酯材料管
混凝土坝身管道是指依附于坝身的水电站压力管道，通常包括坝内管道、坝上游面管、坝下游面管等几个部分多为钢筋混凝土结构、钢衬钢筋混凝土结构、预应力钢筋钢衬混凝土结构等	混凝土坝身管道是指依附于坝身的水电站压力管道，通常包括坝内管道、坝上游面管、坝下游面管等几个部分多为钢筋混凝土结构、钢衬钢筋混凝土结构、预应力钢筋钢衬混凝土结构等

一、钢管

　　用作水电站压力管道的钢管按其自身的结构可分为无缝钢管、焊接钢管、箍管三类。无缝钢管直径较小，适用于高水头小流量的情况。焊接钢管适用于较大直径的情况，焊接钢管通常是由弯成圆弧形的，钢板焊接而成（通常要求相邻两节管道的纵缝应错开一定角度，以避免焊缝薄弱点在同一直线上）。当 $HD > 10000\text{m}^2$ 时，钢板厚度一般会超过 40mm，此时加工比较困难，故在这种情况下常采用箍管，箍管是在焊接管或无缝钢管外套以无缝的钢环（钢箍，称为加劲环）制成的，箍管可使管壁和钢箍共同承受内水压力，因此可以减小管壁钢板的厚度。用作水电站压力管道的钢管所使用的钢材应根据钢管结构形式、钢管规模、使用温度、钢材性能、制作安装工艺要求以及经济性等因素并参照相关设计规范选定。

二、钢筋混凝土管

　　用作水电站压力管道的钢筋混凝土管具有造价低、刚度较大、经久耐用等多种优点，通常主要用于内压不高的中、小型水电站。用作水电站压力管道的各类钢筋混凝土管，除了普通的钢筋混凝土管外，还有预应力钢筋混凝土管、自应力钢筋混凝土管、钢丝网水泥管、预应力钢丝网水泥管等。普通钢筋混凝土管适用于 $HD < 50\text{m}^2$ 的情况，预应力和自应力钢筋混凝土管的 HD 可达到 200m^2，而预应力钢丝网水泥管因其抗裂性能好，故其 HD 可超过 300m^2。

三、钢衬钢筋混凝土管

　　用作水电站压力管道的钢衬钢筋混凝土管是在钢筋混凝土管内衬钢板制成的，在内水压力作用下钢衬与钢筋混凝土联合受力（从而可以减小钢板的厚度），用作水电站压力管道的钢衬钢筋混凝土管适用于 HD 较高的情况，由于钢衬可以防渗、外包的钢筋混凝土允许开裂，故该类管道有利于充分发挥钢筋的作用。

第二节 水电站压力管道的线路选择及尺寸拟定

一、水电站压力管道的供水方式

目前，水电站通过压力管道向多台机组供水的方式主要有三种，即单元供水、联合供水、分组供水。水电站压力管道钢管的首部快速闸（阀）门和事故闸（阀）门必须在中央控制室和现场设置操作装置并要求有可靠的电源为其供电。

（一）单元供水

其特点是每台机组都有一条压力管道供水、不设下阀门。其优点是结构简单（无岔管）、工作可靠、灵活性好（当某根管道检修或发生事故时只影响一台机组工作，其他机组照常工作），另外，单元供水的管道易于制作（无岔管）。其缺点是管道在平面上所占尺寸大、造价高。单元供水方式适用于单机流量大或长度短的地下埋管或明管（混凝土坝身管道也常采用这种供水方式）。

（二）联合供水

其特点是一根主管向多台机组供水，在厂房前分岔，在进入机组前的每根支管上设快速阀门。其优点是单管规模大、分岔管多、布置容易。其缺点是造价较高，另外，一旦主管道检修或发生事故需全厂停机。联合供水方式适用于单机流量小、机组少、引水管道较长的引水式水电站（原因是地下埋管中开挖距离相近的几根管井多有一定困难，故常采用这种方式）。

（三）分组供水

其特点是设多根主管，每根主管向数台机组供水，在进入机组前的每根支管上设有快速阀门。其优点介于上面两种供水方式之间，适用于压力水管较长、机组台数多、单机流量较小的地下埋管和明管。

二、水电站压力管道明管布置的基本方式

水电站压力管道与主厂房的关系主要取决于整个厂区枢纽布置中各建筑物的布置情况，目前常采用的明敷钢管引近厂房的方式有三种，即正向引近、纵向引近、斜向引近。

（一）正向引进

管道的轴线与电站厂房的纵轴线垂直。其工作特点是水流平顺、水头损失小、开挖量小、交通方便，其缺点是钢管发生事故时会直接危及厂房安全。正向引进适用于中、低水头电站。

（二）纵向引进

管道的轴线与电站厂房的纵轴线平行。其工作特点是一旦钢管破裂时可以避免水流直冲厂房，其缺点是水流条件不太好，增加了水头损失且开挖工程量较大。纵向引进适用于高、中水头电站。

（三）斜向引进

其管道的轴线与电站厂房的纵轴线斜交。其工作特点介于上述两种布置方式之间。斜向引进常用于分组供水和联合供水的水电站。

三、水电站压力管道线路选择的基本要求

水电站压力管道的线路选择应结合引水系统中其他建筑物（前池、调压室）和水电站厂房的布置统一考虑，应选择在地形和地质条件均优越的地段。明敷钢管线路选择的一般原则有以下四点，即①管道路线尽可能短而直以降低造价、减少水头损失、降低水击压力、改善机组运行条件（因此，地面压力管道一般应敷设在陡峻的山脊上）；②应选择良好的地质条件（通常要求山体应稳定、地下水位要低，应避开山崩、雪崩以及沉陷量很大的地区和洪水集中的地区，应避开村镇居民区和交通道路等。若无法满足上述要求则要有切实可行的防护措施，若不能避开村镇居民区还要考虑工程对环境的影响）；③应尽量减小管道线路的上下起伏和波折并避免出现负压，需要在平面上转弯时其转弯半径可采用 2~3 倍管道直径（D）并应尽量避免与其他管道或交通道路交叉；④水头高、线路长的管线要满足钢管运输安装以及运行管理、维修等方面的交通要求。另外，为避免钢管一旦发生意外事故危及电站设备和人身安全，还需要设置事故排水和防冲工程设施，遇到与水渠、道路、输电线、通信线路等交叉情况时，要设置必要的交叉建筑物和防护设施，通常情况下要沿管线设置交通道路并应有照明设施（应根据工程具

体情况在交通道路沿线设置休息平台、扶手栏杆、越过钢管的爬梯或管底通道等）。对地下埋管，其线路也应选择在地质和地形条件优越的地区，岩石应尽量坚固、完整并要有足够的上覆岩石厚度以利用围岩承担内水压力，埋管轴线要尽量与岩层构造面垂直并避开活动断层、滑坡、地下水压力和涌水量很大的地带（以避免钢衬在外水压力作用下失稳），同时还应注意施工方面的便利性，其进水口应选择在相对优良的地段，若选用多根管道其相邻管道间的岩体要满足施工期和运行期的稳定及强度要求。

四、水电站压力管道直径的选择要求

水电站压力管道直径的确定是压力管道设计的主要内容之一。管道直径越小，管道的用材和造价越低（但管道中的流速也就越高，水头损失和发电量损失也越大）。因此，管道直径的确定不仅是技术问题，还是经济问题，故应通过技术经济比较后确定。目前国内外计算压力钢管经济直径的理论公式和经验公式很多，但其基本原理和基本方法却大同小异。实际设计中，由于有些因素（比如施工工艺、技术水平等）无法在计算公式中考虑，因此，按照公式计算的结果通常只能作为一般参考。通常的做法是根据已有工程经验和计算公式确定几种直径后再分别进行造价和电量计算，然后再考虑技术方面的因素，最后确定其最优直径。在水电站可行性研究和初步设计阶段也可以采用经验公式法或经济流速方法确定压力钢管的直径。

（一）经验公式法的经验公式为

$$D = \left(5.2 Q_{\max^3} / H \right)^{1/7}$$

式中，$Q_{\max}$ 为压力管道设计流量，m³/s；H 为设计水头包括水击压力，m。

（二）经济流速法

压力管道的经济流速一般为 4~6m/s（最大不超过 7m/s），选定经济流速 V_e 后就可根据水管引用流量 Q 用以下公式确定管道直径，即

$Q=1.13(Q/V_e)^{1/2}$

式中，各符号的含义及单位同前。

第三节　水电站明敷钢管的敷设方式及附件

一、水电站明敷钢管的敷设及支承方式

由于水电站明敷钢管一般长度都很长，所以常需分段敷设，即在直线段每隔120~150m或在钢管轴线转弯处（包括平面转弯和立面转弯）设置镇墩以固定钢管（以防止钢管发生位移）。在两镇墩间应设置伸缩节（其作用是当温度发生变化时管身可以自由伸缩从而减小温度应力）。伸缩节一般应放在镇墩的下游侧。镇墩之间的管段应用一系列等间距的支墩支承，支墩的间距应通过钢管应力分析确定（并应考虑钢管的安装条件、地基条件和支墩形式，且应经技术经济比较后确定）。靠近伸缩节的一跨其支墩间距可缩短一些。管身距地应不小于60cm（以便于维护和检修）。采用这种敷设方式的水管受力明确。

（一）镇墩

镇墩的作用是靠本身的质量固定钢管并承受因水管改变方向而产生的轴向不平衡力以防止水管产生位移。镇墩通常由混凝土浇制制成，混凝土强度等级一般应不低于C15，寒冷地区的墩底基面应深埋在冻土线以下，常见镇墩有封闭式和开敞式两种形式。

1. 封闭式

封闭式镇墩其钢管被埋在封闭的混凝土体中，镇墩表层需布置温度筋，钢管周围应设置环向筋和一定数量锚筋。这种布置方式结构简单、节约钢材、固定效果好，故应用较广泛。

2. 开敞式

开敞式镇墩利用锚栓将钢管固定在混凝土基础上，镇墩处管壁受力不均匀、锚环施工复杂，其优点是便于检查、维修。目前这种镇墩在我国已很少采用。

（二）支墩

支墩的作用是承受水重和管重的法向分力（相当于连续梁的滚动支承），支墩允许水管在温度变化时轴向自由移动，目前按支墩上的支座与管身相对位移特征的不同，有以下三种形式：

1. 滑动式支墩

钢管发生轴向伸缩时会沿支座顶面滑动。滑动式支墩又可分为无支承环鞍形支墩、有支撑环鞍形支墩和有支撑环滑动支墩三种。无支承环鞍形支墩，是将钢管直接支承在一个鞍形混凝土支座上，其包角 P 在 90°~120° 之间。为减少管壁与支座间的摩擦力，可在支座上铺设钢板并在接触面上加润滑剂，这种支墩结构简单但管身受力不均匀、摩擦力大，这种支墩结构适用于管径 1m 以下的钢管。有支撑环滑动支墩，其支承环放在金属的支承板上，其比前两种支墩的摩擦力更小，适用于管径 l~3m 的钢管。

2. 滚动式支墩

滚动支墩在支承环与墩座之间加了圆柱形辐轴，钢管发生轴向伸缩时辐轴滚动（摩擦系数约为 0.1），适用于竖向荷载较小而管径大于 2m 的钢管。

3. 摆动式支墩

摆动支墩在支承环与支承面之间设置了一个摆动短柱（短柱下端与支承板交接，上端以圆弧面与支承环的承板接触），当钢管沿轴向伸缩时短柱以较为中心前后摆动（其摩擦力很小，故能承受较大的竖向荷载），摆动支墩适用于管径大于 2m 的钢管。

二、水电站明敷钢管上的闸门和附件形式

（一）水电站明敷钢管上的闸门及阀门选择

在水电站压力水管的进口处一般都设置有平板闸门（以便在压力管道发生事故或检修时用以切断水流），平板闸门价格便宜、构造简单、便于制造，故常被用来代替阀门。对上游有压力前池或调压室的明管，为在发生事故时能紧急关闭和检修放空水管的需要，通常在钢管进口处一般也要设置闸门（闸门应装在压力前池或调压室内）。阀门一般应设置在紧靠压力管道的末端（即水轮机蜗壳进口处的钢管上）。在分组供水和联合供水时为避免一台机组检修而影响其他机组正常运行（或在调速器、导水叶发生故障时紧急切断水流）防止机组产生飞逸，应在每台机组前设置阀门（通常称为下阀门）。坝内埋管长度较小时只需在进口处设置闸门而不必设下阀门。有时虽是单独供水但水头较高、容量较大时也要设下阀门。水电站压力水管阀门的常见类型有平板阀、蝴蝶阀、球阀三种。

1. 平板阀

平板阀由框架和板面构成，阀体在门槽中的滑动方式与一般的平板闸门相似。平板阀一般借助电动或液压操作。这种阀门止水严密、运行可靠但需要很大的启闭力且动作缓慢，易产生汽蚀，常用于直径较小的水管。

2. 蝴蝶阀

蝴蝶阀通常由阀壳和阀体组成。阀壳为一短圆筒，阀体形似圆盘（在阀壳内绕水平或垂直轴旋转），阀门关闭时阀体平面与水流方向垂直，开启时阀体平面与水流方向一致。蝴蝶阀的操作有电动和液压两种（前者用于小型水电站，后者用于大型水电站）。这种阀门启闭力小、操作方便迅速、体积小、重量轻、造价较低，但在开启状态时由于阀门板对水流的扰动会造成附加水头损失以及阀门内出现汽蚀现象，另外，在关闭状态时其止水不严密，不能部分开启。蝴蝶阀适用于大直径、水头不高的情况。目前，蝴蝶阀应用最广（最大直径可达 8m 以上，最大水头可达 200m），蝴蝶阀可在动水中关闭但必须用旁通管平压后在静水中开启。

3. 球阀

球阀通常由球形外壳、可旋转的圆筒形阀体及其他附件组成。当阀体圆筒的轴线与水管轴线一致时阀门处于开启状态，若将阀体旋转 90° 而使圆筒一侧的球面封板挡住水流通路则阀门处于关闭状态。球阀的优点是在开启状态时实际上没有水头损失，止水严密，结构上能承受高压。球阀的缺点是尺寸、重量重、造价高。球阀适于做高水头电站的水轮机前阀门。球阀是在动水中关闭的但需用旁通阀平压后在静水中开启。

（二）水电站明敷钢管的主要附件

水电站明敷钢管的主要附件包括伸缩节、通气阀、进人孔、旁通阀、排水设施等。

1. 伸缩节

露天式压力钢管受到温度变化或水温变化影响时，为使管身能沿轴线自由伸缩以消除温度应力且适应少量不均匀沉陷的环境，常在上镇墩的下游侧设置伸缩节。对伸缩节的基本要求是能随温度变化自由伸缩，能适应镇墩和支墩的基础变形而产生的线变位和角变位并应留有足够余度。伸缩节的形式较多，较常见的有套筒式伸缩节、压盖式限拉伸缩节、波纹管伸缩节、波纹密封套筒式伸缩节等。设在阀门处的伸缩节应便于阀门的拆卸并允许其产生微小的角位移。

2. 通气阀

通气阀常布置在阀门之后，当阀门紧急关闭时水管中的负压使通气阀打开向管内充气以消除管中负压，水管充水时管中空气从通气阀中排出然后再关闭阀门。

3. 进人孔

为方便检修工作通常应在钢管镇墩的上游侧设置进人孔，进人孔间距一般为 150m（不宜超过 300m），进人孔为圆形或椭圆形，其直径（或短轴）一般应不小于 45cm 为保证正常运行期间不漏水，进人孔盖与外接套管之间要设止水盘根。

4. 旁通阀

旁通阀通常设在水轮机进水阀门处（与闸门处的旁通管作用相同），作用是使阀门前后平压后开启以减小启闭力。

5. 排水设施

在压力水管的最低点通常应设置排水管，其作用是在检修水管时用于排出管中的积水和渗漏水。

另外，对严寒地区的明敷钢管还应有防止钢管本身及其附件结冰的保温措施。

第四节　作用在明敷钢管上的荷载及组合

通常情况下，水电站明敷钢管的结构设计状况分为持久状况、短暂状况和偶然状况3种。对这3种设计状况均应进行承载能力极限状态设计。另外，对持久状况还应进行正常使用极限状态设计，对短暂状况可根据需要进行正常使用极限状态设计，对偶然状况可不进行正常使用极限状态设计。所谓承载能力极限状态是指钢管结构或构件达到最大承载能力（或丧失弹性稳定，或出现不适合于继续承载的变形）的情形，而正常使用极限状态则是指钢管结构或构件达到正常使用或耐久性能的某项规定限值。根据我国设计规范对明敷钢管要求进行承载能力极限状态验算，其内容包括主要结构构件的承载能力计算以及管壁和加劲环的抗外压稳定计算（如有必要，还应进行镇墩和支墩抗倾、抗滑及抗浮验算；若有抗震要求，则还应进行抗震承载能力计算）。

一、荷载计算及其分项系数

对明敷钢管来讲，按荷载的作用方向不同，可以将其分为轴向力、径向力和法向力三种，每种荷载都有其不同的作用分项系数，见表 4-2。表 4-2 中，（2）中的作用分项系数当自重作用效应对结构有利时应采用 0.95；γ_G，γ_Q，γ_A 分别为永久作用、可变作用、偶然作用的分项系数；管道放空时通气设备造成的气压差作用取值不应小于 0.05N/mm²，也不应大于 0.1N/mm²。作用在明敷钢管上的各种作用力计算公式及作用方向见表 4-3（但风荷载、雪荷载、地震荷载等需查阅现行《水工建筑物荷载设计规范》）。表 4-3 中，各计算式中符号的含义是 P 为内水压力设计值；y_w 为水的重度；H 为计算截面管轴处内水压力作用水头（包括静水压力和水击压力）；q_s 为单位管长钢管自重设计值；q_w 为单位管长管内水重设计值 H 为支墩间距；α 为管轴与水平面夹角；D_0 为钢管内径。$D_{\max}$ 和 $D_{\min}$ 为渐缩管的最大内径和最小内径；D_1 和 D_2 为伸缩节内套管的外径和内径；u_0 为机组满负荷时钢管内水流流速；g 为重力加速度；b_p 为伸缩节止水填料长度；μ_p 为伸缩节止水填料与钢管间的摩擦系数；μ 为支座垫板与钢管间或支座上下垫板间的摩擦系数。荷载计算式中的各个变量要按表 4-2 计入作用分项系数，各个符号的单位同前。表 4-3 中，上段和下段分别是指镇墩上游侧和下游侧管段（管段从伸缩节断开），顺和逆分别表示发电工况顺水流方向和逆水流方向，序号 3.2 作用力及顺水流抬高的管段的其他作用力指向应根据具体情况判断。

表 4-2　明敷钢管的作用分类及按承载能力极限状态设计时的作用分项系数

序号			作用分类及名称	作用分项系数
（1）	da）	内水压力	正常蓄水位的静水压力	静水压力 γ_Q=1.0
	（lb）		正常运行最高压力（静水压力＋水击压力）	水击压力 γ_Q=1.1
	（1c）		特殊运行最高压力（静水压力＋水击压力）	静水压力 γ_A=1.0 水击压力 γ_A=1.1
	（1d）		水压试验内水压力	γ_Q=1.0
（2）			管道结构自重	γ_G=1.05 或 0.95
（3）			管内满水重	γ_Q=1.0
（4）			温度作用	γ_Q=1.1
（5）			管道直径变化处、转弯处及作用在堵头、闸阀、伸缩节上的内水压力（静水压力＋水击压力）	静水压力 1.0; 水击压力为 =1.1
（6）			弯道离心力	γ_Q=1-1
（7）			镇墩、支墩不均匀沉降引起的力	γ_q=1.1
（8）			风荷载	γ_Q=1.3
（9）			雪荷载	γ_Q=1.3
（10）			灌浆压力	γ_Q=1.3
（11）			地震作用	γ_Q=1.0
（12）			管道放空时通气设备造成的气压差	γ_Q=1.0
（13）	（13a）	外水压力	地下水压力	γ_Q=1.0
	（13b）		坝体渗流水压力	γ_Q=1.0
（14）			坝体变位作用	γ_Q=1.0

表 4-3　明敷钢管荷载计算公式

序号	作用力方向	作用力名称	计算公式 上段	指向 上段	指向 下段	管壁	支墩	镇墩
1.1	径向	内水压力强度	$p=\gamma H$	—		O		O
2.1	垂直管轴	钢管自重的分力 Q_s	$Q_s=q_s L\cos\alpha$	—		O	O	O
		管内水重的分力 Q_w	$Q_w=q_w/L\cos\alpha$	—		O	O	O
3.1	平行管轴	钢管自重的分力 A1	$A_1=\Sigma(q_s L)\sin\alpha$	顺	顺	O		
3.2		关闭的阀门及阀头上的力 A2	$A_2=\pi D_0^2 p/4$	顺或逆	顺或逆	O		
3.3		渐缩管上的内水压力 A3	$A_3=\pi\left(D_{mar}^2-D_{min}^2\right)p/4$	顺	顺	O		
3.4		伸缩节端部的内水压力 A4	$A_4=\pi\left(D_1^2-D_1^2\right)p/4$	顺	逆	O		
3.5		弯管上内水压力的分力 A5	$A_5=\pi D_0^2 p/4$	顺	逆	O		O
3.6		弯管上水流离心力的分力 A6	$A_6=\pi D_0^2\gamma_H v_0^2/4g$	顺	逆	O		O
3.7		温度作用 温变时伸缩节止水填料的摩擦力 A7	$A_7=\pi D_1 b_p\mu_p p$	顺　逆	逆　顺	顺 O	—	O
3.8		温变时支座垫板与钢管间或支座上下垫板间的摩擦力 A8　$A_{81}=\sum\left(q_s+q_w\right)L\mu\cos\alpha$		顺　逆	逆　顺	顺	—	
		$A_{82}=2\left(q_s+q_w\right)L\mu\cos\alpha$		逆　顺	顺　逆	逆	O	—
		情况		温升　温降	温升　温降	温降		

二、荷载组合

钢管结构设计应根据承载能力极限状态的要求对不同设计状况对可能同时出现的作用进行相应的作用效应组合，对明敷钢管要求的组合见表 4-4。

表 4-4 明敷钢管按承载能力极限状态设计的作用效应组合及计算情况

设计状况	作用效应组合		计算情况
	组合类别	组合项次	
持久状况	基本组合	（1b）+（2）+（3）+（4）+（5）+（7）	正常运行情况一
		（1a）+（2）+（3）+（4）+（5）+（7）+（8）或（9）	正常运行情况二
短暂状况		（1d）+（2）+（3）+（5）	水压试验情况
		（12）	放空情况
偶然状况	偶然组合	（1c）+（2）+（3）+（4）+（5）+（7）	特殊运行情况

第五节 明敷钢管的结构分析方法

一、明敷钢管管壁厚度的估算

在进行明敷钢管设计时需要先设定管壁厚度，由于内水压力在管壁上产生的环向应力是其主要应力，因此人们常用锅炉公式来初拟管壁厚度。锅炉公式取单位长度承受较高水头的压力钢管，将其沿水平直径切开，由力的平衡条件可以得出管壁中的环向拉应力 σ_θ，即

$$\sigma_\theta = pD/2\Delta = \gamma HD/2\Delta \tag{4-1}$$

以钢材的允许应力 $[\sigma]$ 代替 σ_θ，并考虑焊缝的强度降低问题而引入焊缝系数 ϕ，可得

$$\delta = \frac{pD}{2\phi[\sigma]} = \frac{\gamma HD}{2\phi[\sigma]} \tag{4-2}$$

式中，p 为内水压力；D 为钢管直径；Δ 为管壁厚度；γ 为水的重度；H 为钢管内的水头，各符号的单位同前。

我国规范中焊缝系数 φ 一般取 0.9~0.95，允许应力 $[\sigma]$ 取钢管材料允许应力的 75%~85%。考虑到钢管运行期间的锈蚀、磨损及钢板厚度误差等因素，管壁厚度至少应比计算值增加 2mm。另外，在实际工程中，考虑到制造、运输、安装等条件，故必须保持一定的刚度，因而需要规定一个管壁的最小厚度 Δ_{min}（Δ_{min} 目前一般取 D/800+4mm 且不宜小于 6mm）。

二、明敷钢管的管身应力分析

前已叙及，明敷钢管通常是敷设在一系列支墩上的，为改善钢管的受力条件及保持管壁的外压稳定，有时需要在管壁上加设支承环和加劲环。钢管承受的荷载分为径向力、

轴向力、法向力，可以利用叠加原理对其进行应力分析。在管重和水重作用下钢管相当于一根连续梁，在轴向力作用下钢管可当作轴向受压构件计算，而径向力作用只会引起钢管的环向变形。

三、明敷钢管极限状态验算

明敷钢管为三维受力状态，故计算出各个应力分量后应按强度理论进行极限状态验算，若验算结果不满足要求则应重新调整管壁厚度或支墩间距重新计算，直到满足要求为止。

按承载能力极限状态设计时，各计算点的应力应符合下列要求，即

$$\sigma \le \sigma_R \tag{4-3}$$

式中，σ 为钢管结构构件的作用效应计算值（是各种作用标准值及其分项系数、钢管构件的几何参数等的函数）；σ_R 为钢管结构构件的抗力限值（是结构重要性系数、结构系数、焊缝系数和钢材强度设计值的函数）。

按照第四强度理论（畸变能理论），各应力计算点的作用效应为

$$\sigma = S(\cdot) = \sqrt{\sigma_x^2 + \sigma_r^2 + \sigma_\theta^2 - \sigma_x\sigma_\theta - \sigma_x\sigma_r + 3\left(\tau_{xr}^2 + \tau_{x\theta}^2 + \tau_{r\theta}^2\right)} \tag{4-4}$$

也可将式（4-4）简化为

$$\sigma = \sqrt{\sigma_x^2 + \sigma_\theta^2 - \sigma_x\sigma_\theta + 3\tau_{x\theta}^2} \tag{4-4}$$

σ_R 的计算式为

$$\sigma_R = \frac{1}{\gamma_0 \psi \gamma_d} f \tag{4-4}$$

式中，γ_0 为结构重要性系数（钢管结构安全级别为Ⅰ时取 1.1，当安全级别为Ⅱ时取 1.0）湖为设计状况系数（持久状况取 1.0，短暂状况取 0.9，偶然状况取 0.8）；γ_d 为结构系数；f 为钢材强度设计值，按《水电站压力钢管设计规范》取值。

第六节　明敷钢管的抗外压稳定设计

钢管是一种薄壁结构，可以承受较高的内压，但承受外压力的能力较差。水电站机组运行过程中，由于负荷变化会产生负水击从而使管道内产生负压（或者管道放空时通气孔失灵而在管道内产生真空），当管道内部产生真空或负压时管壁就可能在外部大气压力作用下丧失稳定（管壁会被压瘪），因此必须根据钢管处于真空中状态时不至于产生不稳定变形的条件来校核水电站明敷钢管管壁的厚度（或采取其他工程措施）。

水电站明敷钢管的外压稳定必须满足两个要求（即在外压力作用下钢管本身不失稳以及抗外压承载能力应满足要求），钢管承受均布外压荷载（外水压力、灌浆压力等）时其抗外压稳定性的验算公式为

$$K_c p_{ok} \leq p_{er} \tag{4-5}$$

式中，K_c 为抗外压稳定安全系数（对明敷钢管一般应取 2.0）；p_{ok} 为径向均布外压力标准值；p_{er} 为抗外压稳定临界压力计算值。各个符号的单位同前。

钢管的抗外压承载能力校核计算按式（4-3）进行，计算时所有管型的 γ_d 均应按明敷钢管整体膜应力取值，其钢管管壁环向压应力计算公式为

$$\sigma_\theta = -r p_{pk} / \Delta \tag{4-6}$$

式中，r 为钢管内半径；Δ 为钢管管壁计算厚度。各个符号的单位同前。

一、光滑管段的临界外压力

光滑管段临界外压力计算时可取单位长度的管段进行分析，其在径向均布外压力作用下产生变形，当外压力 p 增加到临界压力 p_{er} 时钢管管壁就会丧失稳定，在阵作用下管壁维持一定的变形状态，经过推导可得出临界压力 p_{ce}，即

$$p_{er} = \frac{2E}{\left(1-\mu^2\right)} \times \left(\frac{\delta}{D}\right)^3 \tag{4-7}$$

式中，D 为钢管直径；E 为钢的弹性模量；μ 为钢的泊松比；Δ 为钢管厚度。各个符号的单位同前。

二、加劲钢管的外压稳定设计

当管径较大时按式（4-7）求出的管壁厚度会太大（可能无法加工），因此可采用在管壁上增加加劲环的方式作为提高管壁刚度的措施（这样，不但可以增加其抗外压稳定性，也可降低生产难度并降低造价，因而比增加管壁厚度更经济）。

加劲环之间的管壁临界外压力计算加劲环的刚度应足够大以确保在设计外压下不失稳。管壁由于受到加劲环的约束，其变形与光滑管不相同，其变形的特点是发生多波屈曲。发生多波屈曲所需的外压力比发生双波屈曲的外压力要大（但这与加劲环的间距有关），当加劲环间距较小时其间的光滑部分会与加劲环一同变形（管壁的临界压力即加劲环的临界压力），当加劲环的间距较大时（假设加劲环的刚度足够大且不会失稳），则两个加劲环的中间光滑部分的临界外压力为

$$p_{er} = \frac{E\delta}{r\left(n^2-1\right)\left(1+\frac{n^2l^2}{\pi^2r^2}\right)^2} + \frac{E\delta^3}{12r^3\left(1-\mu^2\right)} \times \left(n^2-1+\frac{2n^2-1-\mu}{1+\frac{n^2l^2}{\pi^2r^2}}\right) \tag{4-8}$$

$$n = 2.74 \left(\frac{r}{l}\right)^{1/2} \left(\frac{r^{1/4}}{\delta}\right) \tag{4-9}$$

式中，n 为相当于最小临界压力的屈曲波数，可用式（4-9）估算；l 为加劲环间距。屈曲波数 n 应为整数（但求出的 n 不一定是整数，故需对其取整。因此，按上述公式计算时应首先求出屈曲波数 n 并取整，然后用 n、$n-1$、$n+1$ 三个数分别带入上面的公式中求出的最小值就是临界荷载）。各个符号的单位同前。由于利用式（4-7）和式（4-8）计算临界压力非常烦琐，因此人们通常也喜欢用查图表的方法求临界压力。

加劲环断面的临界外压力计算加劲环两侧附近的管壁与加劲环一起变形（这一部分的长度为 $l' = 0.78\sqrt{r\delta}$），加劲环有效断面。加劲环断面的外压稳定计算可按照光滑管的公式进行（但是等式右边应该除以加劲环的间距 Z，其他参数则应用加劲环有效断面计算），即

$$P_{\mathrm{cr}} = \frac{3EJ}{R_{\mathrm{k}}^3 l} \tag{4-10}$$

式中，J 为计算断面对自身中和轴的惯性矩；R_k 为加劲环有效断面中心半径。

三、水电站明敷钢管的设计步骤

水电站明敷钢管的设计步骤主要有四步，即首先根据锅炉公式，并考虑锈蚀厚度初步拟定管壁厚度（但在应力和稳定计算中不计锈蚀厚度）；再由管壁厚度用光滑管外压稳定计算公式进行外压稳定校核。如果不稳定可设置加劲环（也可用支承环代替）并选定其间距；然后再根据加劲环抗外压稳定和横断面压应力小于钢管构件抗力限值的要求确定加劲环的尺寸；最后进行强度校核。

第七节 分岔管设计

采用联合供水或分组供水时（即一根管道需要供应两台或更多机组用水时），需要设置分岔管，这种岔管通常位于厂房上游侧（其作用是分配水流）。有时，一条压力引水道需要分成两根以上的压力管道也需分岔管（分岔管通常位于调压井底部或调压井下游）。几台机组的尾水管往往在下游合成一条压力尾水洞，汇合处也需分岔管，不过水流方向相反）上、下游压力引水道上的分岔管往往尺寸较大，但内压较低。目前，我国已经建成的水电站岔管大多数属于地下岔管且大多按明管设计（即不考虑周围岩体的分担荷载。下面以厂房前的分岔管为例介绍分岔管的设计方法。

一、分岔管设计的基本要求

一般来说，岔管的水流条件较差，引起的水头损失也较大。另外，岔管由薄壳和刚度较大的加强构件组成，其管壁厚、构件尺寸大（有时需锻造）、焊接工艺要求高、造价也较高。由于岔管受力条件差且所承受的静、动水压力最大并靠近厂房，因此其安全性十分重要。从设计和施工角度来讲，岔管应满足以下五条基本要求：①运行安全可靠；②水流平顺、水头损失小并应避免涡流和振动，试验研究表明当水流通过岔管各断面的平均流速接近相等或水流缓慢加速（分岔前断面积大于分岔后面积之和）时可避免涡流并减少水头损失，分岔管宜采用锥管过渡（半锥角一般取5°~10°）并宜采用较小的分岔角 β（常用范围为45°~60°）且岔裆角 γ 和顺流转角 θ 也宜采用较小值；③结构合理简单，受力条件好并不产生过大的应力集中和变形；④制作、运输、安装方便；⑤经济合理。以上水力学条件和结构、工艺的要求也常常互相矛盾（比如分岔角越小对水流越有利，但此时主支管相互切割的破口也越大，故对结构不利而且会增加岔裆处的焊接难度）。低水头电站应更多地考虑减少水头损失问题，高水头电站有时为使结构合理简单，可以容许水头损失稍大一些。

二、岔管的布置形式

岔管的典型布置有以下三种形式，即非对称 Y 形布置。如果要从主管中分出一支较小的岔管（或者两条支管的轴线因故不能做对称布置）时可以采用不对称的卜形布置。目前，我国已建钢岔管的布置形式中卜形布置居多，其原因除了卜形布置灵活简便外，还由于以往建造的钢岔管规模较小，采用贴边岔管较多的实际情况比较适合于卜形布置。岔管的主、支管中心线宜布置在同一平面内以使结构简单。主、支管管壁的交线称为相贯线，由于在相贯线处主支管互相切割，故常需要沿相贯线用构件加强，为便于加强构件的制造和焊接通常多希望相贯线是平面曲线。如果主、支管的直径相差较大，或因其他原因主使、支管供切于一个球有困难则相贯线将位于曲面上，沿相贯线的加强构件将是一个曲面构件，此时，计算、制造、安装等都比较困难。

三、岔管的结构形式

目前岔管的主要结构形式有三梁岔管、内加强月牙肋岔管、贴边式岔管、球形岔管、无梁岔管等。我国20世纪50年代建造的岔管，由于其尺寸及内压均不大故多为贴边式。20世纪60年代由于国内高水头电站的出现使梁式岔管应用增多。后来，随着钢管规模的增大，大直径、高内压的三梁岔管制作安装困难越来越大且技术经济指标逐渐下降，故开始采用月牙肋岔管。

（一）三梁岔管

在压力钢管的分岔处由于管壳相互切割已不再是一个完整的圆形，在内水压力作用下管壁所承担的环向拉应力无法平衡，这样在主管与支管及支管间的相贯线上作用着主、支管壳体传来的环向拉力和轴力等复杂外力，因此，需要增加管壁厚度并用两根腰梁和一根 U 形梁进行加固（以使之有足够的强度和刚度）。以正 Y 形对称分岔为例，其主管一般为圆柱管、支管为锥管，沿两支管的相贯线用 U 形梁加强，沿主管和支管的相贯线则用腰梁加强，U 形梁承受较大的不平衡水压力（是梁系中的主要构件），将 U 形梁和腰梁端部联结点做成刚性联结从而形成一个薄壳和空间梁系的组合结构（其受力非常复杂）。我国已建的数十个三梁岔管的结构试验证明，在管壁上实测的应力集中系数（实测应力与主管理论膜应力之比）为 1.3~2.6。其中五个岔管 U 形梁插入管壁内 20~100cm 深其应力集中系数为 1.3~1.9，另两个岔管 U 形梁未插入管壁内其应力集中系数增加为 2.4~2.6。因此，当没有计算分析和试验资料时，考虑到 U 形梁插入管壁内，则局部应力集中系数可取 1.5~2.0。常用的加固梁断面为矩形或 T 形，在材料允许时应避免采用瘦高型截面（以矮胖形截面为好）。U 形梁断面尺寸庞大，为改善其应力状态和布置情况、降低岔管壁的应力集中系数，U 形梁应适当插入管壳内（插入深度在腰梁连接端为零，中部断面处最大），梁内侧应修圆角并应设导流墙。三梁岔管的主要缺点是梁系中的应力以弯曲应力为主，材料的强度未得到充分利用，三个曲梁（特别是 U 形梁）常常需要高大的截面（不但浪费了材料，还加大了岔管的轮廓尺寸且可能还需要锻造，另外焊接后还需要进行热处理），由于梁的刚度较大故对管壳有较强的约束（从而使梁附近的管壳产生较大的局部应力），同时，在内压作用下由于相贯线垂直变位较小故用于埋管则不能充分利用围岩抗力。因此，三梁岔管虽有长期的设计、制造和运行的经验，但由于存在上述缺点，故不能认为是一种很理想的岔管。三梁岔管适用于内压较高、直径不大的明管道。

（二）内加强月牙肋岔管

内加强月牙肋岔管是国内外近年来在三梁岔管的基础上发展起来的新式岔管，目前在我国已基本取代了三梁岔管。如上所述，三梁岔管的 U 形梁插入管壳内能改善 U 形梁和管壳的应力状态，一般来讲，插入越深往往使应力越均匀。月牙肋岔管是用一个嵌入管体内的月牙形肋板来代替三梁岔管 U 形梁并取消了腰梁。月牙肋岔管的主管为倒锥管，两个支管为顺锥管，三者有一个切球使相贯线成为平面曲线。内加强月牙肋岔管有下述三方面特点：月牙肋板只承受轴心拉应力而无弯曲应力，拉应力的分布比较均匀，其数值与邻近管壳上的拉应力相近。改善了水流条件使水头损失比一般岔管低许多（特别是对称流态情况可减少一半）。由于取消了外加固 U 形梁和腰梁，从而使岔管外形尺寸大为减小，对埋管可减少开挖工程量（由于外形规整，内水压力也易于通过管壳传给混凝土衬砌和围岩，从而使围岩的弹性抗力得到更好的发挥）。这种岔管在生产建设中通过理论分析、模型试验和原型观测已经积累了一些经验，可应用于大、中型电站。鉴于国内已建的大月牙肋岔管均为埋管，故对高水头、大直径的明管还应进行进一步的研究。

（三）贴边式岔管

贴边式岔管是在卜形布置的主、支管相贯线两侧用补强板加固形成的。补强板与管壁焊固形成一个整体（补强板可以焊固于管道外壁或内壁，或内外壁均有补强板）。与加固梁相比，补强板刚度较小，不平衡区的水压力由补强板和管壁共同承担。在内水压力作用下由于补强板刚度较小故有可能发生较大的向外的位移，因此常用于埋藏式岔管（其能把大部分不平衡水压力传给围岩）。贴边式岔管常用于中、低水头 Y 形布置的地下埋管，尤其是支、主管直径之比（d/D）在 0.5 以下的情况，如果 d/D 大于 0.7 则不宜采用贴边式岔管。加强板的宽度应不小于（0.12~0.18）D，其中 D 为主支管轴线相交处的主管直径。当采用内外补强板时宜取内、外层板宽度不等的形式。

（四）球形岔管

球形岔管是通过球面体进行分岔的，它是由球壳，圆柱形主、支管以及补强环和导流板等组成的。

在内水压力作用下，球壳应力仅为同直径管壳环向应力的一半，因此，这种岔管适用于高水头大、中型电站。球形岔管是国外采用比较多的一种成熟管型。球形岔管球壳所承受的荷载主要为内水压力、补强环的约束力和主、支管的轴向力，主、支管的轴向力对球壳应力有很大影响（在结构上应认真对待），垂直方向的支管应加以锚定（若为具有伸缩节的自由端，则管壁不能传递轴向力，作用于球壳上的轴向水压力将无法平衡），球壳厚度可按内水压力作用下球壳的膜应力来确定并应考虑热加工及锈蚀等余量，补强环与球壳铆接而与主、支管用焊接连接。从理论上讲，球壳在内压力作用下不产生弯矩，但是，在球壳与主、支管连接处由于结构的不连续性仍需用三个补强环进行加固。补强环上的作用荷载有球壳作用力、管壳作用力和补强环直接承受的内水压力，应力求使上述三种力通过补强环断面的形心（以使补强环为一轴心受拉圆环而确保不使断面产生扭转）。球形岔管突然扩大的球体对水流不利，故为改善水流条件，常在球壳内设导流板，导流板上设平压孔（因此不承受内水压力而仅起导流作用）。

（五）无梁岔管

无梁岔管是在球形岔管的基础上发展起来的。球形岔管利用球壳改善了结构的受力条件，球壳与主支管圆柱壳衔接处存在结构的不连续性故要加设三个补强环，补强环需要锻造且在与管壳焊接时要预热（球壳一般也要通过加热压制成形，有的球岔在制成后还需进行整体退火，因此工艺复杂），另外补强环与管壳刚度不协调的矛盾仍未解决。鉴于上述情况，为了改善受力条件，可以用直径较大的锥管和球壳沿切线方向衔接，从而使球壳只剩下上、下两个面积不大的三角形，然后在主、支管和这些锥管之间插入几节逐渐扩大的过渡段构成一个比较平顺的、无太大不连续接合线的体形，从而形成无梁岔管。无梁岔管是一种有发展前途的管形，能发挥与围岩共同受力的优点。

第八节　水电站地下埋管设计

水电站地下埋管是指埋藏在地下岩层之中的管道，其施工过程是先在岩石中开挖隧洞并清理石渣、进行支护，然后再安装钢管，接着在钢管和岩石洞壁之间回填混凝土，最后再进行接触灌浆。地下埋管在大型水电站中应用较多，根据其轴线方向的不同有斜井和竖井两大类，也常被称为隧洞式压力管道或地下压力管道。

一、水电站地下埋管的布置要求及工作特点

地下埋管是我国大、中型水电站建设中应用最广泛的一种引水管道形式，国外装机容量在 1000MW 以上的水电站中采用地下埋管的占 45% 左右，原因是与明敷钢管相比地下埋管有一些突出的优点，这些优点主要表现在以下三个方面：①布置灵活方便。地下埋管由于位于山体内部管线，位置选择较自由，与地面管线相比一般可显著缩短长度。对水电站管道而言，大多数情况下地下地质条件要优于地表并容易选择出地质条件好的线路。在不宜修建明敷钢管的地方一般均可以布置地下埋管。通常情况下，地下厂房一般都全部或部分采用地下埋管形式。另外，由于岩石力学和地下工程设计及施工技术水平的快速提高，修建压力竖井和斜井的技术业已成熟，在有些国家地下埋管的施工条件和费用已开始优于地面管道。②钢管与围岩共同承担内水压力从而可减小钢衬厚度。围岩分担内水压力的比例取决于岩石的性质。岩石坚硬、较完整时围岩可承担较大的内水压力（甚至可承担全部内水压力），钢板只起防渗作用。特大容量、高水头管道其 HD 值很大，采用明管技术难以实现，地下埋管就可以使问题迎刃而解。当埋管上覆岩石较薄（< 3D）、岩石质量不好时，设计中往往会不考虑岩石的承载能力而仅提高钢衬的

允许应力。③运行安全。地下埋管的运行不受外界条件影响、维护简单、围岩的极限承载能力一般很高，另外，钢材又有良好的塑性，故管道的超载能力很大。当然，地下埋管也有一些缺点（比如构造比较复杂、施工安装工序多、工艺要求较高、施工条件较差、会增加造价等），另外，由于地下埋管所承受的外压力较大，故其外压稳定问题比较突出。由于围岩承担了一部分荷载，故地下埋管管壁较薄从而节省了钢材，但放空检修、施工期的灌浆压力以及水库蓄水后地下水（外水压力）等很容易造成地下埋管的外压失稳破坏。实践证明，国内外地下埋管破坏多数为外压失稳破坏。

地下埋管一般多采用联合供水方式（但若管道较短、引用流量较大、机组台数较多、分期施工间隔较长或工程地质条件不易开挖，对大断面洞井经技术经济比较后也可采用两根或更多的管道，用分组供水或单元供水方式向机组输水。相邻两管道之间应有足够的间距以保证其岩体的强度并防止出现失稳情况）。为保证地下埋管施工运行安全，地下管道应布置在坚固完整、地下水位低的岩层中，对拟定管线区域的地质构造（岩石走向、节理裂隙）应进行认真研究以防塌方和岩石脱落，地下施工要考虑出磕和浇筑混凝土的工作环境要求，管道与水平面夹角不宜小于40°，为保证上覆岩层的稳定应留有足够的岩石厚度。洞井的布置方式通常有竖井、斜井和平洞三种，具体实施时应根据工程布置、施工条件、施工机械和施工方法选用。

地下埋管是钢衬、回填混凝土、岩体共同受力的组合结构，其施工程序包括洞井开挖、钢衬安装、混凝土回填和灌浆四个工序。

（一）洞井开挖

洞井开挖应尽量采用光面、预裂爆破或掘进机开挖方式以保持其圆形孔口并使洞壁尽量平整且减少爆破松动影响。另外，还要合理选择施工支洞的高程和位置以方便出磕、运输钢衬以及混凝土浇筑（并应考虑将其作为永久排水洞和观测洞）。钢管管壁与围岩间的净空间尺寸应根据施工方法和结构布置（比如开挖、回填、焊接等施工方法以及有无锚固加劲环等）确定，需要在管壁外侧进行焊接的其预留空间为两侧和顶部至少0.5m、底部至少0.6m、加劲环距岩壁至少0.3m。应尽量减少现场管外焊接工作并减小加劲环高度以减少岩石开挖和混凝土回填方量。

（二）钢衬安装

钢衬一般为在工厂制成的一定长度的管节，施工中将其运输到洞内用预埋锚件固定，在校正圆度、压缝整平后即可进行焊接。

（三）混凝土回填

钢衬与围岩间回填的混凝土仅起传递径向内压力的作用（而不必承受环向拉力）故

其强度等级不必太高（但也不宜低于 C15）。混凝土回填的重要关注点是应采用合适的原材料和级配，合理的输送、浇筑和振捣工艺以保证回填混凝土的密实、均匀以及围岩与钢衬的紧密贴合。平管的底部以及止水环和加劲环附近应加强振捣（严禁出现疏松区和空洞区）。混凝土回填的缺陷对钢衬外压稳定非常不利，采用预埋骨料压浆混凝土和微膨胀水泥等常会取得较好效果。

（四）灌浆

地下埋管灌浆分为回填灌浆、接缝灌浆和固结灌浆三类。我国钢管设计规范规定对平洞、斜井应做顶拱回填灌浆（灌浆压力应不小于 0.2MPa 但也不得大于钢管抗外压临界压力）；钢管与混凝土衬圈之间如果存在超过设计允许的缝隙时，应进行接缝灌浆（接缝灌浆宜在气温最低的季节施工以减少缝隙值，其灌浆压力不宜大于 0.2MPa 并应保证钢管在灌浆过程中的变形不超过设计允许值）；基岩固结灌浆可视围岩情况、内水压力、设计假定、开挖爆破方式等情况确定（其灌浆压力不宜小于 0.5MPa）。灌浆过程中应严密监视及防范钢管失稳等事故（必要时可采取临时支撑措施），灌浆后的全部灌浆孔必须严密封闭以防运行时内水外渗造成事故。

二、地下埋管承受内压时的强度计算方法

从结构上看，地下埋管相当于一个圆筒形多层组合结构，目前其结构计算通常基于以下三个假定，即结构中的各层材料（钢材、混凝土、岩石等）均处于弹性状态且为各向同性体；钢衬安装后回填混凝土前围岩变形已经充分（故混凝土层和钢衬中不存在初始应力）；在钢衬与混凝土以及混凝土和围岩间存在微小的初始缝隙。地下埋管的结构分析方法根据缝隙条件和覆盖围岩厚度的不同，分为钢管与围岩共同承受荷载和由钢管单独承受荷载两类情况。地下埋管单独承担荷载情况的计算与明敷钢管相同。

地下埋管共同承担荷载时，埋管承受内压后其钢衬会发生径向位移，待缝隙消失后会继续向混凝土衬圈传递内压，使混凝土内发生环向拉应力，从而在衬圈内产生径向裂缝，然后，内压通过混凝土楔块继续向围岩传递使围岩产生向外的径向位移并形成围岩抗力，从而使埋管在内压下得到平衡。如果缝隙是均匀的，岩石又是各向同性的，则地下埋管可认为是对称的组合圆筒结构，在均匀内压下的位移和应力可按平面应变下的相容条件得出其解析解。地下埋管承受内压时的计算包括两个方面（其一是在已知钢管厚度情况下求钢衬应力 σ_θ，其二是在已知钢衬允许应力的情况下求解钢衬厚度）。在内水压力 p 作用下，设已经开裂的混凝土衬圈与围岩间的径向接触应力为 q，则根据衬圈楔块的力的平衡条件可求得钢衬与衬圈间的接触应力，即

$$p_e = \frac{qr_3}{r_2} \tag{4-11}$$

钢衬在内压 p 和外压 p_c 作用下的环向拉应力为

$$\sigma_\theta = (p-p_c)r_1/\Delta \tag{4-12}$$

钢衬的径向位移（离心方向）为

$$\Delta_{st} = \frac{\sigma_\theta r_1}{E'} = \frac{(p-p_c)r_1^2}{E'\delta} \tag{4-13}$$

式中，$E'=E/(1-\mu^2)$。其中，E 为钢衬的弹性模量；μ 为钢衬的泊松比。

混凝土衬圈的楔块仅在径向受到 p_c 及 q 的作用，在混凝土浇筑质量得到保证情况下，其径向压缩位移量通常是很小的（可以忽略不计），故围岩在内压 g 作用下的径向位移为

$$\Delta_r = q/K \tag{4-14}$$

式中，K 为围岩的抗力系数。所谓围岩的抗力系数，是指围岩中给定半径的圆形孔口在均匀内压作用下孔周发生 1cm 径向位移值时所需的均匀内压值，其单位为 MPa/cm。工程上常使用单位抗力系数 K_0 代表围岩的抗力系数（是指半径为 100cm 孔口受均匀内压时孔周发生 1cm 的径向位移值时的均匀内压值），若围岩是线弹性体则 $K=100K_0/r_3$，于是，有

$$\Delta_r = qr_3/100K_0 \tag{4-15}$$

根据钢衬、混凝土衬圈和围岩径向位移必须相容的条件要求，有

$$\Delta_{st} = \Delta + \Delta_r \tag{4-16}$$

将上述各式代入式（5-16）化简，考虑到 $r_2 \approx r_1$，因此，有

$$p_c = \left(\frac{pr_1^2}{E'\delta} - \Delta \right) / r_1 \left(\frac{r_1}{E'\delta} + \frac{1}{100K_0} \right) \tag{4-17}$$

$$q = \left(\frac{pr_1^2}{E'\delta} - \Delta \right) / r_3 \left(\frac{r_1}{E'\delta} + \frac{1}{100K_0} \right) \tag{4-18}$$

故可得出钢衬应力的计算公式（或在给定钢管构件抗力限值的情况下求管壁厚度的计算公式），即

$$\sigma_\theta = \frac{pr_1 + 100K_0\Delta}{\delta + 100K_0r_1/E'} \tag{4-19}$$

$$\delta = \frac{pr_1}{\sigma_R} + 100K_0 \left(\frac{\Delta}{\sigma_R} - \frac{r_1}{E'} \right) \tag{4-20}$$

三、影响钢衬应力的因素

对钢衬应力影响比较大的是岩体的特性和初始缝隙，故设计过程中必须对这两个因素进行认真的分析。

（一）围岩单位抗力系数 K_0 的影响分析

设有一地下埋管，其上 r_1=200cm、Δ=1.2cm、p=2MPa，则当 Δ=0 时 K_0 分别等于零（围岩无抗力）及 40MPa/cm（其对应的钢衬应力则由 333MPa 降为 85.5MPa），因此，值对钢衬的应力分析非常关键。但工程设计中要准确选定 Ko 值非常困难，因为岩体中常存在比较软弱的节理和裂隙，所以岩体本身并不是线弹性各向同性体。另外，在实验室中也无法准确确定岩体的参数，故岩体参数只有靠大规模现场试验或工程经验确定。实际工作中可以知道，现场试验成本高，隧洞线路较长，各部分的参数也不尽相同（另外，试验探洞的部位及荷载大小等都对结果有影响），故选用计算参数时要非常谨慎。在确定了岩体的弹性模量 E_r 和泊松比 μ_r 后就可以由计算单位抗力系数 K_0 了，即

$$K_0=E_r/100(1+\mu_r) \tag{4-21}$$

（二）初始缝隙值对钢衬应力的影响分析

同样设地下埋管的 r_1=200cm、Δ=1.2cm、p=2MPa，若 K_0=40MPa/cm，则 Δ 会由零变为 1mm（对应的钢衬应力也会由 85.5MPa 增加到 171MPa），可见，初始缝隙值 Δ 的变化很大，影响其大小的因素很多且相当复杂，不易准确确定。初始缝隙主要由以下 3 种缝隙组成：

1. 施工缝隙 Δ_0

回填的混凝土在凝固过程中释放出的水化热会使钢衬膨胀，混凝土凝固以后温度恢复正常则混凝土和钢衬均又会发生收缩，从而在钢衬和混凝土以及混凝土与岩石之间形成缝隙。施工缝隙的大小与混凝土的收缩和施工质量有很大关系（且在各工程和钢管的不同部位也都不相同），平洞和坡度较小的斜井在浇筑混凝土时其钢管两侧易于平仓振捣故回填混凝土的质量较易保证（但其顶、底拱部位易形成较大空隙，故施工缝隙会沿管周呈不均匀分布），故减小施工缝隙的有效措施是提高混凝土垫层的浇筑质量以及进行回填与接缝灌浆（一般情况下，若管外混凝土填筑质量很好并进行了认真的接缝灌浆其 Δ_0 可取 0.2mm）。

2. 岩石的塑性蠕变缝隙 Δ_{rc}

由于岩石不是完全弹性体，在长期反复荷载作用下会有部分变形在卸荷后不能复原而形成残余变形（该残余变形在一定时间内会逐渐增大，其原因是岩体的节理和裂隙在

加荷后闭合而卸荷后不能完全复原，这种残余变形称为塑性蠕变缝隙）。塑性蠕变缝隙的大小与岩体的破碎程度有关（完整岩体的残余变形很小。我国一电站埋管围石较好，建成后 5 年之内实测的钢衬应力基本没有变化），对于较破碎的岩体进行固结灌浆以封堵节理和裂隙能有效减小岩体的残余变形。日本东川电站的现场试验表明，岩体的残余变形和弹性变形间存在良好的相关关系，其残余变形可用弹性变形比值 β_r 表示（该电站实测的 $\beta_r=0.3\sim0.6$），即 $\Delta_r = \beta_r\left(1+\mu_r\right)\dfrac{r_2 p_c}{E_r}$。

3. 温度收缩缝隙

钢管通水后水温较低，故钢管和围岩会冷却收缩从而与混凝土垫层间形成缝隙。在埋管水压试验稳压阶段的一定时间内钢衬应力会随时间的变长逐渐增大就是由于钢衬和围岩因热交换逐渐冷却而导致的结果，钢衬的径向温降收缩计算公式为

$$\Delta_{st}=\alpha_s(1+\mu_s)\Delta t_s r \tag{4-22}$$

式中，α_s 和 μ_s 分别为钢材的线胀系数和泊松比；Δt_s 为钢衬充水前后的温差。若施工季节选择不当 Δ_{st} 可以达到相当数值。围岩破碎区和开裂的混凝土衬圈温降后缝隙值会增加，其径向变位为

$$\Delta_{rt}=\alpha_r\Delta t_r r_1\Delta' r \tag{4-23}$$

式中，和分别为围岩的线胀系数和岩壁充水前后的温差；为围岩破碎区影响系数。

实际计算中，总缝隙值取上述三种缝隙之和，即 $A=A/A_«+Am$。但在实际计算中，由于岩性比较复杂，围岩和混凝土衬圈收缩引起的缝隙值通常难以精确确定且数值不大，故一般可以忽略不计。

四、地下埋管的抗外压稳定分析

地下埋管的钢衬也存在外压作用下的失稳问题，国内外地下埋管发生的事故中钢衬破坏大多是由于受外压失稳造成的（这是因为地下埋管是一种薄壳结构，其承受内压的潜在能力相当高而其抵抗外压的能力却较低。工程运行中，管道放空时其所受外压力值可能远高于大气压力）。地下埋管钢衬所承受的外压力主要有以下三种：①地下水压力。钢衬所受地下水压力值可根据勘测资料选定。根据最高地下水位线确定外水压力值的方法是稳妥的（但常会使设计值过高）。鉴于同时要分析水库蓄水和引水系统渗漏等因素对地下水位的影响，故地下水位线一般不应超过地面。②钢衬与混凝土之间的接缝灌浆压力（接缝灌浆压力一般为 0.2MPa）。③回填混凝土时流态混凝土的压力（其值决定于混凝土一次浇筑的高度，其最大可能值等于混凝土容重乘以一次浇筑高度）。

钢衬承受流态混凝土压力时，因钢衬无约束故类似明敷钢管承受外压，钢衬在承受地下水压力和灌浆压力时则已经受到了混凝土垫层的约束(灌浆压力沿管周是不均匀的，

地下水压力则可认为是均匀的）。埋管钢衬在周围岩石的约束下承受外压力产生变形时与地面钢管有很大不同，当外压值增加到一定值时钢衬将发生塑性流动，从而导致大变形（部分钢衬脱离混凝土，而其余部分钢衬则与混凝土紧密接触，此时钢衬已丧失其使用性能，其相应的外压力即为临界压力。埋管钢衬的临界压力与材料的屈服强度和初始缝隙值直接有关，这是埋管与明敷钢管在外压下失稳的重要区别）。

（二）有加劲环埋管钢衬的临界外压力计算

地下埋管的外压稳定是设计中的主要问题，因此也常常采用增加加劲环的方法来提高稳定性（同时增加在运输和施工时的钢衬刚度）。有加劲环的埋藏式钢管的抗外压稳定计算包括加劲环间管壁的稳定计算和加劲环断面的稳定计算两个方面。

1. 加劲环的稳定分析

从理论上讲，加劲环断面的稳定分析也可按埋藏式光面管公式进行但需要按加劲环的有效截面进行计算。实际上，加劲环嵌固在混凝土中其向内变形时约束大（很难像光滑管壁那样脱离混凝土向内屈曲），故一般可不考虑加劲环的外压稳定问题而按强度条件对其进行控制（即根据钢衬在外压作用下加劲环内平均压应力不超过材料屈服强度的条件来确定临界压力），即

$$p_{cr} = \sigma_s F/(r_1 l) \tag{4-24}$$

式中，F 为加劲环有效截面；l 为加劲环间距。其余符号的含义及单位同前。

2. 加劲环之间的管壁外压稳定

目前，对加劲环之间的管壁外压稳定尚无合理的计算方法，可近似地套用带有加劲环的明管外压稳定计算公式（即认为缝隙值很大，这样偏于安全）。

目前，工程上一般采用下列 3 种措施来提高钢衬的抗外压稳定性，即降低地下水水压力（是防止钢衬失稳的根本方法，比较广泛采用的是排水廊道结合排水孔的方法）；精心施工做好钢衬与混凝土之间的灌浆以减小缝隙（但灌浆时要注意鼓包问题，可通过采取临时措施或限制灌浆压力的手段解决）；解决流态混凝土的外压力稳定问题（可用临时支撑解决或通过限制浇筑高度的方法解决）。

五、不用钢衬砌的地下管道稳定分析

为节约投资、加快施工进度，取消钢衬是近代埋藏式压力管道设计的发展方向，充分利用围岩承担内水压力是其设计的指导思想。地下管道的衬砌形式除钢板衬砌外，还有混凝土及钢筋混凝土衬砌、预应力混凝土衬砌以及具有防渗薄膜的混凝土衬砌等。

（一）混凝土及钢筋混凝土衬砌

混凝土衬砌和钢筋混凝土衬砌在低水头压力管道中应用较多（但若用于高水头情况，在内水压力作用下混凝土衬砌难免开裂，因此应用较少），在高水头情况下防渗和承担内水，压力主要靠围岩，因此，其工作机理与不衬砌隧洞相似。该种情况下，混凝土及钢筋混凝土衬砌只能起到平整洞壁作用，为防渗和承担内水压力围岩必须较新鲜、完整（同时，其原始最小主压应力应不小于该点的内水压强并应有1.2~1.4的安全系数以防在充水后围岩被水力劈裂），洞室开挖后的二次应力与充水后的三次应力不但与洞室的尺寸和形状有关而且决定于原始地应力场的情况，因此，确定原始地应力场是地下工程设计的重要内容。小型工程和设计初级阶段由于地质资料不足，原始地应力场难以确定，在这种情况下也可根据岩石的覆盖厚度初步确定管道的位置和线路，根据经验建议管顶以上岩体的最小覆盖厚度应满足

$$L_r = \frac{K\gamma_w H}{\gamma_r \cos\alpha} \qquad (4\text{-}25)$$

式中，L_i 为计算点至岩面的最小距离；γ_w，H 分别为水的容重和计算点的静水压；γ_r、α 分别为岩体容重和山坡倾角；K 为安全系数（可取1.2~1.4）。其余符号的含义及单位同前。围岩的覆盖厚度除应满足上述要求外还应该是新鲜、完整的（目的是满足防渗要求）。

（二）预应力混凝土衬砌

预应力混凝土衬砌的特点是在管道充水之前在衬砌中施加预压应力以使管道充水后衬砌中不出现拉应力（或在局部只有很小的拉应力），混凝土衬砌中预压应力的施加方法主要有高压灌浆、钢缆施压、用膨胀混凝土衬砌3种。高压灌浆是指在混凝土衬砌与围岩之间进行的高压灌浆，目的是给衬砌施加预压应力。这种方法简单可靠、应用较广，但要求围岩应新鲜、完整并有足够的厚度。钢缆施压是指在混凝土衬砌外围预设钢缆，待混凝土强度足够后张拉钢缆给衬砌施加预压应力。这种做法安全可靠、对围岩要求不高，但施工复杂、造价较高。用膨胀混凝土衬砌主要利用的是混凝土的膨胀特点，在混凝土凝固过程中因自身膨胀会形成压应力，若围岩不够完整或覆盖厚度不够则可在衬砌靠围岩一侧布置钢筋以使其在衬砌混凝土的膨胀过程中承受拉应力，从而确保混凝土能够形成足够的压应力并减小混凝土膨胀在围岩中引起的应力。

第九节　水电站混凝土坝体压力管道设计

水电站混凝土坝体压力管道是依附于混凝土坝身的（即埋设在坝体内或固定在坝面上并与坝体成为一体的压力输水管道），其优点是结构紧凑简单、引水长度最短、水头损失小、机组调节保证条件好、造价低、运行管理集中方便，其缺点是管道安装会干扰坝体施工、坝内埋管空腔会削弱坝体刚度并使坝体应力恶化。混凝土重力坝和坝内钢管及坝后厂房是应用非常广泛的传统形式，近年来混凝土坝下游面压力管道也得到了普遍应用，混凝土坝式水电站采用坝体管道司空见惯，常见的混凝土坝体压力管道主要分为坝内埋管和坝体下游面钢管（坝后背管）两种。

一、坝内埋管设计

坝内埋管的特点是管道穿过混凝土坝体并全部埋在坝体内。

（一）坝内埋管的布置

坝内埋管在坝体内的布置原则是尽量缩短管道长度；减少管道空腔对坝体应力的不利影响（特别应减少因管道引起的坝体内拉应力区的范围和拉应力值）；减少管道对坝体施工的干扰并有利于管道本身的安装和施工。在立面上，坝内埋管有三种典型的布置形式。

1.倾斜式布置。管轴线与下游坝面近于平行并尽量靠近下游坝面。其优点是进水口位置较高、承受水压小（有利于进水口的各种设施布置）；管道纵轴与坝体内较大的主压应力方向平行（可以减轻管道周围坝体的应力恶化）；与坝体施工干扰较少。其缺点是管道较长、弯段较多，另外，管道与下游坝面间的混凝土厚度较小。

2.平式和平斜式布置。管道布置在坝体下部。其优缺点与倾斜式布置相反。对拱坝，当坝体厚度不大而管径却较大时常采用这种布置方式。

3.铅直式布置。管道的大部分铅直布置。这种布置通常适用于坝内厂房（或为避免钢管安装对坝体施工的干扰在坝体内预留竖井，后期再在井内安装钢管）。其缺点是管道曲率大、水头损失大，另外，管道空腔对坝体应力不利。

在平面上，坝内埋管最好布置在坝段中央且管径不宜大于坝段宽度的1/3，管外两侧混凝土较厚且受力对称。通常在这种情况下，厂坝之间会有纵缝，厂房机组段间横缝与坝段间的横缝也应相互错开。若坝与厂房之间不设纵缝而厂坝连成整体时，由于二者横缝也必须在一条直线上，故管道在平面上不得不转向一侧布置，这时钢管两侧外包混凝土的厚度也将不同。若坝内埋管（以及其他形式的坝体管道）采用坝式进水口则其布置和设施必须满足进水口的所有要求，进水口的拦污栅一般应布置在坝体悬臂上以增加过水面积，检修闸门及工作闸门槽通常应布置在坝体内，紧接门槽后应是由矩形变为圆形的渐变段（然后接管道的上水平段或上弯段。有时渐变段也可与上弯段合并而由渐变段直接连接斜直段）。进水口位于坝体内时过水断面较大，故宜做成窄高型，渐变段要尽量短以便能较快过渡到圆形断面（这样有利于闸门结构及坝体应力）。应注意保证通气孔的必要面积和出口高程及合理位置（以免进气时产生巨大吸入气流而影响通气孔出口附近设备及运行人员安全），应使进口处所设充水阀和旁通管面积不太大。

（二）坝内埋管的结构计算

坝内埋管的结构计算可以用有限元方法或近似解析法，有限元方法大家可参阅相关著作，本书主要介绍简单、实用的近似解析法。近似解析法从与管道轴线方向垂直的平面内截取单位厚度并假定其属于轴对称平面应变问题，然后根据钢管、钢筋和混凝土的变形协调关系推导出计算公式，其计算步骤如下：

1. 判断混凝土的开裂情况

在内水压力作用下钢管外围混凝土可能有未开裂、开裂但未裂穿、裂穿 3 种情况。首先假定钢管的壁厚 δ 和外围钢筋的数量（计算中应将钢筋折算成连续的壁厚 δ_3），若混凝土未裂穿则可由式（5-26）进一步推求混凝土的相对开裂深度是 $\psi = r_4 / r_5$，即

$$\psi = \frac{1-\psi^2}{1+\psi^2}\left\{1+\frac{E'}{E_c'}\left(\frac{\delta}{r_0}+\frac{\delta_3}{r_3}\right)\left[\ln\left(\psi\frac{r_5}{r_3}\right)+\frac{1+\psi^2}{1-\psi^2}+\mu'c\right]\right\} = \frac{p^{-E'\Delta\delta/r_0^2}}{\sigma_{ct}}\times\frac{r_0}{r_5} \qquad （4\text{-}26）$$

式中，$E' = E_s/(1-\mu^2)$；$E_e' = E_e/(1-\mu_c^2)$；$\mu_c' = \mu_e/(1-\mu_c)$；P 为内水压强；r_0，r_3 分别为钢管和钢筋层半径；E_s，μ_c 分别为钢材的弹性模量和泊松比；Ec，μc 分别为混凝土的弹性模量和泊松比；σ_{ct} 为判断混凝土开裂的拉应力取值；Δ 为钢管与混凝土间的缝隙。其余符号的含义及单位同前。式（4-26）中的 ψ 有双解时应取其小值，若 $\psi < (r_0/r_5)$ 则表示混凝土未开裂；若 $\psi > 1$ 则表示混凝土已裂穿。ψ 可通过试算法（即逐渐趋近法）求解，也可通过查压力钢管设计规范中的相关曲线获得。

2. 计算各部分应力

（1）混凝土未开裂时各部分的应力情况

混凝土分担的内水压强为

$$p_1 = \left\{p-\frac{E'\Delta\delta}{r_0^2}\right\}/\left\{1+\frac{E'\delta}{E_c'r_0}\left(\frac{r_5^2+r_0^2}{r_5^2-r_0^2}+\mu_c'\right)\right\} \qquad （4\text{-}27）$$

混凝土内缘的环向应力为

$$\sigma_c = \frac{p_1\left(r_5^2+r_0^2\right)}{r_5^2+r_0^2} \qquad （4\text{-}28）$$

钢筋的应力为

$$\sigma_3 = \frac{E_s}{E_c}\sigma_c \qquad (4\text{-}29)$$

钢管的环向应力为

$$\sigma_1 = \frac{(p - p_1)r_0}{\delta} \qquad (4\text{-}30)$$

（2）混凝土未裂穿时各部分的应力情况

混凝土部分开裂时的钢筋应力为

$$\sigma_3 = \frac{E'_s r_s}{E'_c r_3}[\sigma_l]\left\{ m\left\{ \ln\left(\psi\frac{r_s}{r_3} \right) + n \right] \right\} \qquad (4\text{-}31)$$

钢管的环向应力为

$$\sigma_1 = \frac{\sigma_3 r_3}{r_0} + \frac{E'\delta}{r_0} \qquad (4\text{-}32)$$

式（5-33）中，$m = \psi\dfrac{1-\psi^2}{1+\psi^2}$；$n = \dfrac{1+\psi^2}{1-\psi^2} + \mu'c$。

（3）混凝土裂穿时各部分的应力情况

此时混凝土已不能参与承载活动，钢管传给混凝土的内水压强为

$$p_1 = \left\{ p - \frac{E'\Delta\delta}{r_0^2} \right\} / \left\{ 1 + \frac{r_3\delta}{\delta_3 r_0} \right\} \qquad (4\text{-}33)$$

钢管的环向应力为

$$\sigma_1 = (p - p_1)r_0 / \delta \qquad (4\text{-}34)$$

钢筋的环向应力为

$$\sigma_3 = p_1 r_0 / \delta_3 \qquad (4\text{-}35)$$

上述计算是内水压力作用下的基本应力计算。除此以外，坝体荷载也会在孔口周围产生附加环向应力。故应将这两种作用产生的环向应力叠加后再进行配筋计算（若求出的钢筋数量不超过并接近假定的钢筋数量则认为满足要求。否则应重新假定钢筋数量再重复进行上述计算，直到满意为止）。

（三）坝内埋管钢衬的抗外压稳定性计算

坝内埋管钢衬抗外压失稳分析的原理和方法与地下埋管钢衬相同。坝内埋管钢衬的外压荷载主要有外水压力、施工时流态混凝土压力和灌浆压力等。计算时，施工期临时荷载不宜作为设计控制条件（而应靠加设临时支撑、控制混凝土浇筑高度等工程措施解决）。钢衬所受外水压力来源于从钢衬始端沿钢衬外壁向下的渗流（可假定渗流水压力

沿管轴线直线变化）。为安全考虑，钢衬最小外压力应不小于 0.2MPa。钢衬上游段承受的内压值小，管壁薄，但钢衬外渗流水压大，故是抗外压失稳的重点（应该在钢衬首端采取阻水环等防渗措施，并在阻水环后设排水措施，这样可有效地降低钢衬外渗压）。接缝灌浆可减小缝隙也有利钢衬抗外压失稳。从各国的应用情况看，坝内埋管钢衬在放空时外压失稳的事故比较少见。

二、坝后背管设计

为解决钢管安装与坝体混凝土浇筑的矛盾，一些大型坝后式水电站将钢管布置在混凝土坝的下游坝面上，从而形成下游面管道（或称坝后背管），下游面管道除进水口后一小段管道穿过坝体外，其主要部分均沿坝下游面铺设。与坝内埋管比，下游面管道的优点是便于布置；可减少管道空腔对坝体刚度的削弱（有利于坝体安全）；坝体施工不受管道施工及安装的干扰（可提高坝体施工质量、加快施工进度、提前发电）；管道可随机组投产的先后分期施工（有利于合理安排施工进度、减少投资积压，机组台数较多时其效益更为显著）。混凝土坝下游面管道有两种结构形式，即坝下游面明敷钢管和坝下游面钢衬钢筋混凝土管。

第五章 水利工程管理

第一节 水利工程管理要求

一、水利工程管理基本理念

在距今 5000 多年前，我国古代社会进入了原始公社末期，农业开始成为社会的基本经济。人们为了生产和生活的方便，以氏族公社为单位，集体居住在河流和湖泊的两旁。人们临水而居，虽然有着很大的便利，但也常常受到河水泛滥的危害。为防御洪水，人们修起了一个个围村埝，开始了我国古代的原始形态的防洪工程，此时也开始设立了专门管理工程事务的职官——"司空"。"司空"是古代中央政权机关中主管水土等工程的最高行政长官。禹即是被部落联盟委以司空重任，主持治水工作《尚书·尧典》记"禹作司空"，"平水土"，治水成功后，被推举为部落联盟领袖，成为全国共主。

从远古人的"居丘"，到禹治洪水后的"降丘宅土"，将广大平原进行开发，这是人们改造大自然的胜利。随着社会实践和生产力的提高，人们防洪的手段也从简易的围村址向筑堤防洪转变，并随着生产和生活需求，向引用水工程发展。春秋战国时期，楚国修建的"芍陂"，被称为"天下第一塘"，可以灌田万顷；吴国开凿的胥河，是我国最早的人工运河；西门豹的引黄治邺和秦国的郑国渠；这些都是著名的引水灌溉工程。随着水利工程的大规模修筑，统治者开始意识到水事管理的重要性，于是建立了正式的水事管理机构，工程管理的相关制度也逐步开始形成。

《管子·度地》的记载表明，春秋时期已有细致的水利工程管理制度。其中规定：水利工程要由熟悉技术的专门官吏管理，水官在冬天负责检查各地工程，发现需要维修治理的，即向政府书面报告，经批准后实施。施工要安排在春季农闲时节，完工后要经常检查维护。水利修防队伍从老百姓中抽调，每年秋季按人口和土地面积摊派，并且服工役可代替服兵役。汛期堤坝如有损坏，要把责任落到实处，具体到人，抓紧修治，官府组织人力支持。遇有大雨，要对堤防加以适当遮盖，在迎水冲刷的危险堤段要派人据守防护。这些制度说明我们的祖先在水利工程治理方面已经积累了丰富的实践经验。

（一）水利工程管理的含义

伴随着人类文明发展人们对水利工程要进行管理的意识越来越强烈，但一直并没有一个明确的概念。近年来，随着对水利工程管理研究的不断深入，不少学者试图给水利工程管理下一个明确的定义。一部分学者认为，水利工程管理实质上就是保护和合理运用已建成的水利工程设施，调节水资源，为社会经济发展和人民生活服务的工作，进而使水利工程能够很好地服务于防洪、排水、灌溉、发电、水运、水产、工业用水、生活用水和改善环境等方面。一部分学者认为，水利工程管理就是在水利工程项目发展周期过程中，对水利工程所涉及的各项工作，进行的计划、组织、指挥、协调和控制，以达到确保水利工程质量和安全，节省时间和成本，充分发挥水利工程效益的目的。它分为两个层次，一是工程项目管理：通过一定的组织形式，用系统工程的观点、理论和方法，对工程项目管理生命周期内的所有工作，包括项目建议书、可行性研究、设计、设备采购、施工、验收等系统过程，进行计划、组织、指挥、协调和控制，以达到保证工程质量、缩短工期、提高投资的目的；二是水利工程运行管理：通过健全组织，建立制度，综合运用行政、经济、法律、技术等手段，对已投入运行的水利工程设施，进行保护、运用，以充分发挥工程的除害兴利效益。一部分学者认为，水利工程管理是运用、保护和经营已开发的水源、水域和水利工程设施的工作。一部分学者认为，水利工程管理是从水利工程的长期经济效益出发，以水利工程为管理对象，对其各项活动进行全面、全过程的管理。完整的内容应该涵盖工程的规划、勘测设计、项目论证、立项决策、工程设计、制订实施计划、管理体制、组织框架、建设施工、监理监督、资金筹措、验收决算、生产运行、经营管理等内容。一个水利工程的完整管理可以分为三个阶段：第一阶段，工程前期的决策管理；第二阶段，工程的实施管理；第三阶段，工程的运营管理。

在综合多位学者对水利工程管理概念理解的基础上，可以归纳为水利工程管理是指在深入了解已建水利工程性质和作用的基础上，为尽可能地趋利避害，保护和合理利用水利工程设施，充分发挥水利工程的社会和经济效益，所做出的必要管理。

（二）流域治理体系

《水法》第十二条规定，"国家对水资源实行流域管理与行政区域管理相结合的管理体制"。国务院水行政主管部门在国家确定的重要江河湖泊设立的流域管理机构，在所管辖的范围内行使法律、行政法规规定的和国务院水行政主管部门授予的水资源管理和监督职责。我国已按七大流域设立了流域管理机构，有长江水利委员会、黄河水利委员会、海河水利委员会、淮河水利委员会、珠江水利委员会、松辽水利委员会、太湖流域管理局。七大江河湖泊的流域机构依照法律、行政法规的规定和水利部的授权，在所管辖的范围内对水资源进行管理与监督。

《水法》对流域管理机构的法定管理范围确定为：参与流域综合规划和区域综合规划的编制工作；审查并管理流域内水工程建设；参与拟订水功能区划，监测水功能区水质状况；审查流域内的排污设施；参与制订水量分配方案和旱情紧急情况下的水量调度预案；审批在边界河流上建设水资源开发、利用项目；制订年度水量分配方案和调度计划；参与取水许可管理；监督、检查、处理违法行为等。

水利工程建成交付水管单位后，水管单位就拥有了发挥工程效益的主要经营要素一劳动者（管理职工），主要劳动资料（水利工程），劳动对象（天然水资源）。如果运行费用的资金来源有保证，水管单位就拥有了全部经营要素。这些经营要素必须互相结合，才能使水利工程发挥防洪、灌溉、发电、城镇供水、水产、航运等设计效益。使水利工程发挥效益的技术、经济活动就是经营水利的过程。经营的目的是以尽可能小的劳动耗费和尽可能少的劳动占用取得尽可能大的经营成果。尽可能大的经营成果就是在保证工程安全前提下，充分发挥工程的综合效益。水管单位为达到上述目标，就必须运用管理科学，把计划、组织、指挥、协调、控制等管理职能与经营过程结合起来，使各种经营要素得到合理的结合。概括地说，水利工程管理是一门在运用水利工程进行防洪、供水等生产活动过程中对各种资源（人与物）进行计划、组织、指挥、协调和控制，以及对所产生的经济关系（管理关系）及其发展变化规律进行研究的边缘学科，它涉及生产力经济学、政治经济学、管理科学、心理学、会计学、水利科学技术，以及数理统计、系统工程等许多社会科学和自然科学的理论和知识。

水管单位既是生产活动的组织者，又是一定社会生产关系的体现者。因此，水管单位的经营管理基本内容包括两个方面：一方面是生产力的合理组织，包括劳动力的组织、劳动手段的组织、劳动对象的组织，以及生产力要素结合的组织等等。另一方面是有关生产关系的正确处理，包括正确处理国家、水管单位与职工之间的关系，水管单位与用水单位的关系等等。

经营管理过程是生产力合理组织和生产关系的正确处理这两种基本职能共同结合发生作用的过程。在经营管理的实践中，又表现为计划、组织、指挥、协调和控制等一系列具体管理职能。通过决策和计划，明确水管单位的目标；通过组织，建立实现目标的手段；通过指挥，建立正常的生产秩序；通过协调，处理好各方面的关系；通过控制，检查计划的实现情况，纠正偏差，使各方面的工作更符合实际，从而保证计划的贯彻执行和决策的实现。

二、管理要求

（一）基本要求

第一，工程养护应做到及时消除表面的缺陷和局部工程问题，防护可能发生的损坏，保持工程设施的安全、完整、正常运用。

第二，管理单位应依据水利部、财政部《水利工程维修养护定额标准（试点）》编制次年度养护计划，并按规定报主管部门。

第三，养护计划批准下达后，应尽快组织实施。

（二）大坝管护

第一，坝顶养护应达到坝顶平整，无积水，无杂草，无弃物；防浪墙、坝肩、踏步完整，轮廓鲜明；坝端无裂缝，无凹坑，无堆积物。

第二，坝顶出现坑洼和雨淋沟缺，应及时用相同材料填平补齐，并应保持一定的排水坡度；坝顶路面如有损坏，应及时修复；坝顶的杂草、弃物应及时清除。

第三，防浪墙、坝肩和踏步出现局部破损，应及时修补。

第四，坝端出现局部裂缝、坑凹，应及时填补，发现堆积物应及时清除。

第五，坝坡养护应达到坡面平整，无雨淋沟缺，无荆棘杂草滋生；护坡砌块应完好，砌缝紧密，填料密实，无松动、塌陷、脱落、风化、冻毁或架空现象。

第六，干砌块石护坡的养护应符合下列要求：

（1）及时填补、楔紧脱落或松动的护坡石料；（2）及时更换风化或冻损的块石，并嵌砌紧密；（3）块石塌陷、垫层被淘刷时，应先翻出块石，恢复坝体和垫层后，再将块石嵌砌紧密。

第七，混凝土或浆砌块石护坡的养护应符合下列要求：

（1）清除伸缩缝内杂物、杂草，及时填补流失的填料；（2）护坡局部发生侵蚀剥落、裂缝或破碎时，应及时采用水泥砂浆表面抹补、喷浆或填塞处理；（3）排水孔如有不畅，应及时进行疏通或补设。

第八，堆石或碎石护坡石料如有滚动，造成厚薄不均时，应及时进行平整。

第九，草皮护坡的养护应符合下列要求。

（1）经常修整草皮、清除杂草、洒水养护，保持完整美观；（2）出现雨淋沟缺时，应及时还原坝坡，补植草皮。

第十，对无护坡土坝，如发现有凹凸不平，应进行填补整平；如有冲刷沟，应及时修复，并改善排水系统；如遇风浪淘刷，应进行填补，必要时放缓边坡。

（三）排水设施管护

第一，排水、导渗设施应达到无断裂、损坏、阻塞、失效现象，排水畅通。

第二，排水沟（管）内的淤泥、杂物及冰塞，应及时清除。

第三，排水沟（管）局部的松动、裂缝和损坏，应及时用水泥砂浆修补。

第四，排水沟（管）的基础如被冲刷破坏，应先恢复基础，后修复排水沟（管）；修复时，应使用与基础同样的土料，恢复至原断面，并夯实；排水沟（管）如设有反滤层时，应按设计标准恢复。

第五，随时检查修补滤水坝趾或导渗设施周边山坡的截水沟，防止山坡浑水淤塞坝趾导渗排水设施。

第六，减压井应经常进行清理疏通，保持排水畅通；周围如有积水渗入井内，应将积水排干，填平坑洼。

（四）输、泄水建筑物管护

第一，输、泄水建筑物表面应保持清洁完好，及时排除积水、积雪、苔藓、蚧贝、污垢及淤积的沙石、杂物等。

第二，建筑物各部位的排水孔、进水孔、通气孔等均应保持畅通；墙后填土区发生塌坑、沉陷时应及时填补夯实；空箱岸（翼）墙内淤积物应适时清除。

第三，钢筋混凝土构件的表面出现涂料老化，局部损坏、脱落、起皮等，应及时修补或重新封闭。

第四，上下游的护坡、护底、陡坡、侧墙、消能设施出现局部松动、塌陷、隆起、淘空、垫层散失等，应及时按原状修复。

第五，闸门外观应保持整洁，梁格、臂杆内无积水，及时清除闸门吊耳、门槽、弧形门支角及结构夹缝处等部位的杂物。钢闸门出现局部锈蚀、涂层脱落时应及时修补；闸门滚轮、弧形门支钗等运转部位的加油设施应保持完好、畅通，并定期加油。

第六，启闭机的管护应符合下列要求：

（1）防护罩、机体表面应保持清洁、完整。（2）机架不得有明显变形、损伤或裂缝，底脚连接应牢固可靠；启闭机连接件应保持紧固。（3）注油设施、油泵、油管系统保持完好，油路畅通，无漏油现象；减速箱、液压油缸内油位保持在上、下限之间，定期过滤或更换，保持油质合格。（4）制动装置应经常维护，适时调整，确保灵活可靠。（5）钢丝绳、螺杆有齿部位应经常清洗、抹油，有条件的可设置防尘设施；启闭螺杆如有弯曲，应及时校正。（6）闸门开度指示器应定期校验，确保运转灵活、指示准确。

第七，机电设备的管护应符合下列要求：

（1）电动机的外壳应保持无尘、无污、无锈；接线盒应防潮，压线螺栓紧固；轴承内润滑脂油质合格，并保持填满空腔内 1/2~1/3。（2）电动机绕组的绝缘电阻应定期检测，小于 0.5 兆欧时，应进行干燥处理。（3）操作系统的动力柜、照明柜、操作箱、各种开关、继电保护装置、检修电源箱等应定期清洁、保持干净；所有电气设备外壳均应可靠接地，并定期检测接地电阻值。（4）电气仪表应按规定定期检验，保证指示正确、灵敏。（5）输电线路、备用发电机组等输变电设施按有关规定定期养护。

第八，防雷设施的管护应符合下列规定：

（1）避雷针（线、带）及引下线如锈蚀量超过截面30%时，应予更换。（2）导电部件的焊接点或螺栓接头如脱焊、松动应予补焊或旋紧。（3）接地装置的接地电阻值应不大于 10 欧，超过规定值时应增设接地极。（4）电器设备的防雷设施应按有关规定定期检验。（5）防雷设施的构架上，严禁架设低压线、广播线及通信线。

（五）观测设施管护

第一，观测设施应保持完整，无变形、损坏、堵塞。

第二，观测设施的保护装置应保持完好，标志明显，随时清除观测障碍物；观测设施如有损坏，应及时修复，并重新校正。

第三，测压管口应随时加盖上锁。

第四，水位尺损坏时，应及时修复，并重新校正。

第五，景水堰板上的附着物和堰槽内的淤泥或堵塞物应及时清除。

（六）自动监控设施管护

第一，自动监控设施的管护应符合下列要求。

（1）定期对监控设施的传感器、控制器、指示仪表、保护设备、视频系统、通信系统、计算机及网络系统等进行维护和清洁除尘。（2）定期对传感器、接收及输出信号设备进行率定和精度校验。对不符合要求的，应及时检修、校正或更换。（3）定期对保护设备进行灵敏度检查、调整，对云台、雨刮器等转动部分加注润滑油。

第二，自动监控系统软件系统的养护应遵守下列规定。

（1）制定计算机控制操作规程并严格执行。（2）加强对计算机和网络的安全管理，配备必要的防火墙。（3）定期对系统软件和数据库进行备份，技术文档应妥善保管。（4）修改或设置软件前后，均应进行备份，并做好记录。（5）未经无病毒确认的软件不得在监控系统上使用。

第三，自动监控系统发生故障或显示警告信息时，应查明原因，及时排除，并详细记录。

第四，自动监控系统及防雷设施等，应按有关规定做好养护工作。

（七）管理设施管护

第一，管理范围内的树木、草皮应及时浇水、施肥、除害、修剪。

第二，管理办公用房、生活用房应整洁、完好。

第三，防污道路及管理区内道路、供排水、通信及照明设施应完好无损。

第四，工程标牌（包括界桩、界牌、安全警示牌、宣传牌）应保持完好、醒目、美观。

第二节　堤防与水闸管理

一、堤防管理

（一）堤防的工作条件

堤防是一种适应性很强，利用坝址附近的松散土料填筑、碾压而成的挡水建筑物。其特点如下：

1. 抗剪强度低

由于堤防挡水的坝体是松散土料压实填成的，故抗剪强度低，易发生坍塌、失稳滑动、开裂等破坏。

2. 挡水材料透水

坝体材料透水，易产生渗漏破坏。

3. 受自然因素影响大

堤防在地震、冰冻、风吹、日晒、雨淋等自然因素作用下，易发生沉降、风化、干裂、冲刷、渗流侵蚀等破坏，故工作中应符合自然规律，严格按照运行规律进行管理。

（二）堤防的检查

堤防的检查工作主要有四个方面：①经常检查；②定期检查；③特别检查；④安全鉴定。

1. 经常检查

堤防的经常性检查是由管理单位指定有经验的专职人员对工程进行的例行检查，并需填写有关检查记录。此种检查原则上每月至少应进行1~2次。检查内容主要包括以下几个方面。

（1）检查坝体有无裂缝。检查的重点应是坝体与岸坡的连接部位，异性材料的接合部位，河谷形状的突变部位，坝体土料的变化部位，填土质量较差的部位，冬季施工的坝段等部位。如果发现裂缝，应检查裂缝的位置、宽度、方向和错距，并跟踪记录，观测其发展情况。对横向裂缝，应检查贯穿的深度、位置，是否形成或将要形成漏水通道；对于纵向裂缝，应检查是否形成向上游或向下游的圆弧形，有无滑坡的迹象。

（2）检查下游坝坡有无散浸和集中渗流现象，渗流是清水还是浑水；在坝体与两岸接头部位和坝体与刚性建筑物连接部位有无集中渗流现象；坝脚和坝基渗流出逸处有无管涌、流土和沼泽化现象；埋设在坝体内的管道出口附近有无异常渗流或形成漏水通道，检查渗流量有无变化。（3）检查上下游坝坡有无滑坡、上部坍塌、下部塌陷和隆起现象。（4）检查护坡是否完好，有无松动、塌陷、垫层流失、石块架空、翻起等现象；草皮护坡有无损坏或局部缺草，坝面有无冲沟等情况。（5）检查坝体上和库区周围排水沟、截水沟、集水井等排水设备有无损坏、裂缝、漏水或被土石块、杂草等阻塞。（6）检查防浪墙有无裂缝、变形、沉陷和倾斜等；坝顶路面有无坑洼，坝顶排水是否畅通，坝轴线有无位移或沉降，测桩是否损坏等。（7）检查坝体有无动物洞穴，是否有害虫、害兽的活动迹象。（8）对水质、水位、环境污染源等进行检查观测，对堤防量水堰的设备、测压管设备进行检查。

对每次检查出的问题应及时研究分析，并确定妥善的处理措施。有关情况要记录存档，以备检索。

2. 定期检查

定期检查是在每年汛前、汛后和大量用水期前后组织一定力量对工程进行的全面性检查。检查的主要内容有以下几点：

（1）检查溢洪道的实际过水能力。对不能安全运行，洪水标准低的堤防，要检查是否按规定的汛期限制水位运行。如果出现较大洪水，有没有切实可行的保坝措施，并是否落实。（2）检查坝趾处、溢洪道岸坡或库区及水库沿岸有无危及坝体安全的滑坡、塌方等情况。（3）坝前淤积严重的坝体，要检查淤积库容的增加对坝体安全和效益所带来的危害。特别要复核抗洪能力，以及采取哪些相应措施，以免造成洪水漫坝的危险。（4）检查溢洪道出口段回水是否可能冲淹坝脚，影响坝体安全。（5）对坝下涵管进行检查。（6）检查掌握水库汛期的蓄水和水位变化情况，严格按照规定的安全水位运用，不能超负荷运行。放水期注意控制放水流量，以防库水位骤降等因素影响坝体安全。

3. 特别检查

特别检查是当工程发生严重破坏现象或有重大疑点时，组织专门力量进行检查。通常在发生特大洪水、暴雨、强烈地震、工程非常运用等情况时进行。

4. 安全鉴定

工程建成后，在使用前三至五年内须对工程进行一次全面鉴定，以后每隔六至十年组织一次。安全鉴定应由主管部门组织，由管理、设计、施工、科研等单位及有关专业人员共同参加。

（三）堤防的养护修理

堤防的养护修理应本着"经常养护，随时维修，养重于修，修重于抢"的原则进行，一般可分为经常性养护维修、岁修、大修和抢修。经常性的养护维修是根据检查发现的问题而进行的日常保养维护和局部修补，以保持工程的完整性。岁修一般是在每年汛后进行，属全面的检查维修。大修是指工程损坏较大时所做的修复。大修一般技术复杂，可邀请有关设计、科研及施工单位共同研究修复方案。抢修也称为抢险，当工程发生事故，危及整个工程安全及下游人民生命财产的安全时，应立即组织力量抢修。

堤防的养护修理工作主要包括下列内容：

（1）在坝面上不得种植树木和农作物，不得放牧，铲草皮，搬动护坡和导渗设施的砂石材料等。（2）堤防坝顶应保持平整，不得有坑洼，并具有一定的排水坡度，以免积水。坝顶路面应经常养护，如有损坏应及时修复和加固。防浪墙和坝肩的路缘石、栏杆、台阶等如有损坏应及时修复。坝顶上的灯柱如有歪斜，线路和照明设备损坏，应及时调整和修补。（3）坝顶、坝坡和坝台上不得大量堆放物料和重物，以免引起不均匀沉陷或局部塌滑。坝面不得作为码头停靠船只和装卸货物，船只在坝坡附近不得高速行驶。坝前靠近坝坡如有较大的漂浮物和树木应及时打捞。（4）在距坝顶或坝的上下游一定的安全距离范围之内，不得任意挖坑、取土、打井和爆破，禁止在水库内炸鱼等对工程有害的活动。（5）对堤防上下游及附近的护坡应经常进行养护，如发现护坡石块有松动、翻动和滚动等现象，以及反滤层、垫层有流失现象，应及时修复。如果护坡石块的尺寸过小，难以抵抗风浪的淘刷，可在石块间部分缝隙中充填水泥砂浆或用水泥砂浆勾缝，以增强其抵抗能力。混凝土护坡伸缩缝内的填充料如有流失，应将伸缩缝冲洗干净后按原设计补充填料，草皮护坡如有局部损坏，应在适当的季节补植或更换新草皮。（6）堤防与岸坡连接处应设置排水沟，两岸山坡上应设置截水沟，将雨水或山坡上的渗水排至下游，防止冲刷坝坡和坝脚。坝面排水系统应保持完好，畅通无阻，如有淤积、堵塞和损坏，应及时清除和修复。维护坝体滤水设施和坝后减压设施的正常运用，防止下游浑水倒灌或回流冲刷，以保持其反滤和排渗能力。（7）堤防如果有减压井，井口应高于地面，防止地表水倒灌。如果减压井因淤积而影响减压效果，应及时采取掏淤、洗井、抽水的方法使其恢复正常。如减压井已损坏无法修复，可将原减压井用滤料填实，另打新井。（8）坝体、坝基、两岸绕渗及坝端接触渗漏不正常时，常用的处理方法是上游设防堵截，坝体钻孔灌浆，以及下游用滤土导渗等。对岩石坝基渗漏可以用帷幕灌浆的方法处理。（9）坝体裂缝，应根据不同的情况，分别采取措施进行处理。（10）对坝体的滑坡处理，应根据其产生的原因、部位、大小、坝型、严重程度及水库内水位高低等情况，进行具体分析，采取适当措施。（11）在水库的运用中，应正确控制水库水位的降落速度，以免因水位骤降而引起滑坡。对于坝上游布置有铺盖的堤防，水库一般不放空，以防铺盖干裂或冻裂。（12）如发现堤防坝体上有兽洞、蚁穴，应设法捕捉害兽和灭杀白蚁，并对兽洞和蚁穴进行适当处理。（13）坝体、坝基及坝面的各种观测设备和各种观测仪器应妥善保护，以保证各种设备能及时准确和正常地进行各种观测。

（14）保持整个坝体干净、整齐，无杂草和灌木丛，无废弃物和污染物，无对坝体有害的隐患及影响因素，做好大坝的安全保卫工作。

二、水闸管理

（一）水闸检查

水闸检查是一项细致而重要的工作，对及时准确地掌握工程的安全运行情况和工情、水情的变化规律，防止工程缺陷或隐患，都具有重要作用。主要检查内容包括：①闸门（包括门槽、门支座、止水及平压阀、通气孔等）工作情况；②启闭设施启闭工作情况；③金属结构防腐及锈蚀情况；④电气控制设备、正常动力和备用电源工作情况。

1. 水闸检查的周期

检查可分为经常检查、定期检查、特别检查和安全鉴定四类。

（1）经常检查

用眼看、耳听、手摸等方法对水闸的闸门、启闭机、机电设备、通信设备、管理范围内的河道、堤防和水流形态等进行检查。经常检查应指定专人按岗位职责分工进行。经常检查的周期按规定一般为每月不少于一次，但也应根据工程的不同情况另行规定。重要部位每月可以检查多次，次要部位或不易损坏的部位每月可只检查一次；在宣泄较大流景，出现较高水位及汛期每月可检查多次，在非汛期可减少检查次数。

（2）定期检查

一般指每年的汛前、汛后、用水期前后、冰冻期（指北方）的检查，每年的定期检查应为4~6次。根据不同地区汛期到来的时间确定检查时间，例如华北地区可安排3月上旬、5月下旬、7月、9月底、12月底、用水期前后6次。

（3）特别检查

是水闸经过特殊运用之后的检查，如特大洪水、暴风雨、风暴潮、强烈地震和发生重大工程事故之后。

（4）安全鉴定

应每隔15~20年进行一次，可以在上级主管部门的主持下进行。

2. 水闸检查内容

对水闸工程的重要部位和薄弱部位及易发生问题的部位，要特别注意检查观测。检查的主要内容有以下几点。

（1）水闸墙背与干堤连接段有无渗漏迹象。（2）砌石护坡有无坍塌、松动、隆起、底部掏空、垫层散失，砌石挡土墙有无倾斜、位移（水平或垂直）、勾缝脱落等现象。（3）混凝土建筑物有无裂缝、腐蚀、磨损、剥蚀露筋；伸缩缝止水有无损坏、漏水，门槛的预埋件有无损坏。（4）闸门有无表面涂层剥落、门体变形、锈蚀、焊缝开裂或螺栓、铆钉松动；支承行走机构是否运转灵活、止水装置是否完好，开度指示器、门槽等能否正常工作等。（5）启闭机械是否运转灵活，制动准确，有无腐蚀和异常声响；钢丝绳有无断丝、磨损、锈蚀、接头不牢、变形；零部件有无缺损、裂纹、磨损及螺杆有无弯曲变形；油压机油路是否通畅，油量、油质是否合乎规定要求，调控装置及指示仪表是否正常，油泵、油管系统有否漏油。备用电源及手动启闭是否可靠。（6）机电及防雷设备、线路是否正常，接头是否牢固，安全保护装置动作是否准确可靠，指示仪表指示是否正确，备用电源是否完好可靠，照明、通信系统是否完好。（7）进、出闸水流是否平顺，有无折冲水流或波状水跃等不良流态。

（二）水闸养护

1. 建筑物土工部分的养护

对于土工建筑物的雨淋沟、浪窝、塌陷以及水流冲刷部分，应立即进行检修。当土工建筑物发生渗漏、管涌时，一般采用上游堵截渗漏、下游反滤导渗的方法进行及时处理。当发现土工建筑物发生裂缝、滑坡，应立即分析原因，根据情况可采用开挖回填或灌浆方法处理，但滑坡裂缝不宜采用灌浆方法处理。对于隐患，如蚁穴兽洞、深层裂缝等，应采用灌浆或开挖回填处理。

2. 砌石设施的养护

对干砌块石护坡、护底和挡土墙，如有塌陷、隆起、错动时，要及时整修，必要时，应予更换或灌浆处理。

对浆砌块石结构，如有塌陷、隆起，应重新翻砌，无垫层或垫层失效的均应补设或整修。遇有勾缝脱落或开裂，应冲洗干净后重新勾缝。浆砌石岸墙、挡土墙有倾覆或滑动迹象时，可采取降低墙后填土高度或增加拉撑等办法予以处理。

3. 混凝土及钢筋混凝土设施的养护

混凝土的表面应保持清洁完好，对苔藓、蚧贝等附着生物应定期清除。对混凝土表面出现的剥落或机械损坏问题，可根据缺陷情况采用相应的砂浆或混凝土进行修补。

对于混凝土裂缝，应分析原因及其对建筑物的影响，拟定修补措施。

水闸上、下游，特别是底板、闸门槽、消力池内的砂石，应定期清理打捞，以防止产生严重磨损。

伸缩缝填料如有流失，应及时填充，止水片损坏时，应凿槽修补或采取其他有效措施修复。

4. 其他设施的养护

禁止在交通桥上和翼墙侧堆放砂石料等重物，禁止各种船只停靠在泄水孔附近，禁止在附近爆破。

（三）水闸的控制运用

水闸控制运用又称水闸调度，水闸调度的依据是：①规划设计中确定的运用指标；②实时的水文、气象情报、预报；③水闸本身及上下游河道的情况和过流能力；④经过批准的年度控制运用计划和上级的调度指令。在水闸调度中需要正确处理除水害与兴水利之间的矛盾，以及城乡用水、航运、放筏、水产、发电、冲淤、改善环境等有关方面的利害关系。在汛期，要在上级防汛指挥部门的领导下，做好防汛、防台、防潮工作。在水闸运用中，闸门的启闭操作是关键，要求控制过闸流量，时间准确及时，保证工程和操作人员的安全，防止闸门受漂浮物的冲击以及高速水流的冲刷而破坏。

为了改进水闸运用操作技术，需要积极开展有关科学研究和技术革新工作，如：改进雨情、水情等各类信息的处理手段；确定水闸上下游水位、闸门开度与实际过闸流量之间的关系；改进水闸调度的通信系统；改善闸门启闭操作系统；装置必要的闸门遥控、自动化设备。

（四）水闸的工程管理

水闸常见的安全问题和破坏现象有：在关闸挡水时，闸室的抗滑稳定；地基及两岸土体的渗透破坏；水闸软基的过量沉陷或不均匀沉陷；开闸放水时下游连接段及河床的冲刷；水闸上、下游的泥沙淤积；闸门启闭失灵；金属结构锈蚀；混凝土结构破坏、老化等。针对这些问题，需要在运用管理中做好检查观测、养护修理工作。

水闸的检查观测是为了能够经常了解水闸各部位的技术状况，从而分析判断工程安全情况和承担任务的能力。工程检查可分为经常检查、定期检查、特别检查与安全鉴定。水闸的观测要按设计要求和技术规范进行，主要观测项目有水闸上下游水位，过闸流景，上下游河床变形等。

对于水闸的土石方、混凝土结构、闸门、启闭机、动力设备、通信照明及其他附属设施，都要进行经常性的养护，发现缺陷及时修理。按照工作量大小和技术复杂程度，养护修理工作可分为四种，即经常性养护维修、岁修、大修和抢修。经常性养护维修是保持工程设备完整清洁的日常工作，按照规章制度、技术规范进行；岁修是指每年汛后针对较大缺陷，按照所编制的年度岁修计划进行的工程整修和局部改善工作；大修是指工程发生较大损坏后而进行的修复工作和陈旧设备的更换工作，一般工作量较大，技术比较复杂；抢修是指在工程重要部位出现险情时进行的紧急抢救工作。

为了提高工程管理水平，需要不断改进观测技术，完善观测设备和提高观测精度；

研究采用各种养护修理的新技术、新设备、新材料、新工艺。随着工程的逐年老化，要研究采用增强工程耐久性和进行加固的新技术，延长水闸的使用年限。

第三节　土石坝与混凝土坝渗流监测

一、土石坝监测

（一）测压管法测定土石坝浸润线

测压管法是在坝体选择有代表性的横断面，埋设适当数量的测压管，通过测量测压管中的水位来获得浸润线位置的一种方法。

1. 测压管布置

土石坝浸润线观测的测点应根据水库的重要性和规模大小、土坝类型、断面型式、坝基地质情况以及防渗、排水结构等进行布置。一般选择有代表性、能反映主要渗流情况以及预计有可能出现异常渗流的横断面，作为浸润线观测断面。例如，选择最大坝高、老河床、合龙段以及地质情况复杂的横断面。在设计时进行浸润线计算的断面，最好也作为观测断面，以便与设计进行比较。横断面间距一般为 100~200m，如果坝体较长、断面情况大体相同，可以适当增大间距。对于一般大型和重要的中型水库，浸润线观测断面不少于 3 个，一般中型水库应不少于 2 个。

每个横断面内测点的数量和位置，以能使观测成果如实地反映出断面内浸润线的几何形状及其变化，并能描绘出坝体各组成部位如防渗排水体、反滤层等处的渗流状况。要求每个横断面内的测压管数量不少于 3 根。

2. 测压管的结构

测压管长期埋设在坝体内，要求管材经久耐用。常用的有金属管、塑料管和无砂混凝土管。无论哪种测压管均由进水管、导管和管口保护设备三部分组成。

（1）进水管

常用的进水管直径为 38~50mm，下端封口，进水管壁钻有足够数量的进水孔。对埋设于黏性土中的进水管，开孔率为 15% 左右；对砂性土，开孔率为 20% 左右。孔径一般为 6mm 左右，沿管周分 4~6 排，呈梅花形排列。管内壁缘毛刺要打光。

进水管要求能进水且滤土。为防止土粒进入管内，需在管外周包裹两层钢丝布、玻璃丝布或尼龙丝布等不易腐烂变质的过滤层，外面再包扎棕皮等作为第二过滤层，最外边包两层麻布，然后用尼龙绳或铅丝缠绕扎紧。

进水管的长度：对于一般土料与粉细砂，应自设计最高浸润线以上 0.5m 至最低浸润线以下 1m，对于粗粒土，则不短于 3m。

（2）导管

导管与进水管连接并伸出坝面，连接处应不漏水，其材料和直径与进水管相同，但管壁不钻孔。

（3）管口保护设备

护测压管不受人为破坏，防止雨水、地表水流入测压管内或沿测压管外壁渗入坝体，避免石块和杂物落入管中，堵塞测压管。

3. 测压管的安装埋设

测压管一般在土石坝竣工后钻孔埋设，只有水平管段的 L 形测压管，必须在施工期埋设。首先钻孔，再埋设测压管，最后进行注水试验，以检查是否合格。

（1）钻孔注意事项

测压管长度小于 10m 的，可用人工取土器钻孔，长度超过 10m 的测压管则需用钻机钻孔。用人工取土器钻孔前，应将钻头埋入土中一定的深度（0.5m）后，再钻进。若钻进中遇有石块确实不易钻动时，应取出钻头，并以钢钎将石块捣碎后再钻。若钻进深度不大时，可更换位置再钻。钻机一般在短时间内即能完成钻孔，如短期内不易塌孔，可不下套管，随即埋设测压管。若在沙壤土或砂砾料坝体中钻孔，为防止孔壁坍塌；可先下套管，在埋好测压管后将套管拔出，或者采用管壁钻了小孔的套管，万一套管无法拔出也不会导致测压管作废。建议钻孔采用麻花钻头干钻，尽量不用循环水冲孔钻进，以免钻孔水压对坝体产生扰动破坏及可能产生裂缝。钻孔的终孔直径应不小于110mm，以保证进水段管壁与孔壁之间有一定空隙，能回填洗净的干砂。

（2）埋设测压管注意事项

在埋设前对测压管应做细致检查，进水管和导管的尺寸与质量应合乎设计要求，检查后应做记录。管子分段接头可采用接箍或对焊。在焊接时应将管内壁的焊疤打去，以避免由于焊接使管内径缩小，造成测头上下受阻。管子分段连接时，要求管子在全长内保持顺直。测压管全部放入钻孔后，进水管段管壁与孔壁之间应回填粒径约为 0.2mm 洗净的干砂。导管段管壁与孔壁之间应回填黏土并夯实，以防雨水沿管外壁渗入。由于管与孔壁之间间隙小，回填松散黏土往往难以达到防水效果，导管外壁与钻孔之间可回填事先制备好的膨胀黏土泥球，直径 1~2cm，每填 1m，注入适量稀泥浆水，以浸泡黏土球使之散开膨胀，封堵孔壁。测压管埋设后，应及时做好管口保护设备，记录埋设过程，绘制结构图，最后将埋设处理情况以及有关影响因素记录在考证表内。

（3）测压管注水试验检查

测压管埋设完毕后，要及时做注水试验，以检验灵敏度是否合格。试验前先量出管中水位，然后向管中注入清水。在一般情况下，土料中的测压管，注入相当于测压管中3~5m长体积的水；沙砾料中的测压管，注入相当于测压管中5~10m长体积的水。注入后测量水面高程，以后再经过5min、10min、15min、20min、30min、60min后各测量水位一次，以后间隔时间适当延长，测至降到原水位为止。记录测量结果，并绘制水位下降过程线，作为原始资料。对于黏壤土，测压管水位如果5昼夜内降至原来水位，认为是合格的；对于沙壤土，水位一昼夜降到原来水位，则认为合格。对于沙砾料，如果在I2h内降到原来水位，或灌入相应体积的水而水位升高不到3~5m，则认为是合格的。

（二）渗流观测资料的整理与分析

1. 土石坝渗流变化规律

土石坝渗流在运用过程中是不断变化的。引起渗流变化的原因，一般有库水位发生变化、坝体的不断固结、坝基沉陷、泥沙产生淤积、土石坝出现病害。其中，前四种原因引起的渗流变化属于正常现象，其变化具有一定的规律性：一是测压管水位和渗流量随库水位的上升而增加，随库水位的下降而减少；二是随着时间的推移，由于坝体固结、坝基沉陷、泥沙淤积等原因，在相同的库水位条件下，渗流观测值趋于减小，最后达到稳定。当土石坝产生坝体裂缝、坝基渗透破坏、防渗或排水设施失效、白蚁等生物破坏或含在土中的某些物质被水溶出等病害时，其渗流就不符合正常渗流规律，出现各种异常渗流现象。

2. 坝身测压管资料的整理和分析

（1）绘制测压管水位过程线

以时间为横坐标，以测压管水位为纵坐标，绘制测压管水位过程线。为便于分析相关因素的影响，在过程线图上还应同时绘出上下游水位过程线、雨量分布线。

饱和土体中测压管水位的滞后时间主要取决于测压管容积充水及放水时间。管径越大，管内充水或放水时间越长，滞后时间也越长。为了减小滞后时间，宜选用较小直径的测压管。实际上，坝基测压管水位的滞后时间主要取决于其自身充放水时间。非饱和土体内测压管水位的滞后时间主要是由非饱和土体孔隙充水时间所引起的，远较饱和土体中测压管容积充水时间长。实际上，坝身测压管水位的滞后时间的绝大部分是由非饱和土体充水时间或饱和土体放水时间引起的。

由于坝身测压管有较明显的滞后时间，因此就不能用同一时刻的上下游水位和管水位进行比较，这就给资料分析带来麻烦，为此，需首先估计"滞后时间"，用以消除对测压管水位的影响。其次，滞后时间的长短也可作为分析坝的渗流状态的一项参考指标。一般来说，密实、透水性弱的坝体滞后时间长，而较松散、土料透水性强的坝体则滞后时间较短。

（2）实测浸润线与设计浸润线对比分析

土坝设计的浸润线都是在固定水位（如正常高水位，设计洪水位）的前提下计算出来的，而在运用中，一般情况下正常高水位或设计洪水位维持时间极短，其他水位也变化频繁。因此，设计水位对应时刻的实测浸润线并非对应于该水位时的浸润线，如果库水位上升达到高水位，则在高水位下的比较往往出现"实测浸润线低于设计浸润线"；相反，用低水位的观测值比较，又会出现"实测浸润线高于设计浸润线"。事实上，只有库水位达到设计库水位并维持才可能直接比较，或者设法消除滞后时间的影响，否则很难说明问题。

二、混凝土坝渗流监测

（一）混凝土坝压力监测

混凝土坝的筑坝材料不是松散体，不必担心发生流土和管涌，因此坝体内部的渗流压力监测没有土石坝那么重要，除了为监测水平施工缝设置少量渗压计外，一般很少埋设坝体内部渗流压力监测仪器。对于混凝土坝特别是混凝土重力坝而言，大坝是靠自身的重力来维持坝体稳定的，从坝工设计到水库安全管理通常担心坝体与基础接触部位的扬压力，这是因为扬压力的增加等于减少了坝体自身的重量，也减少了坝体的抗滑稳定性，因此，混凝土坝渗流压力监测重点是监测坝体和坝基接触部位的扬压力以及绕坝渗流压力。

1. 坝基扬压力监测

混凝土坝坝基扬压力监测的一般要求有以下几点：

（1）坝基扬压力监测断面应根据坝型、规模、坝基地质条件和渗控措施等进行布置。一般设 1~2 个纵向监测断面，1、2 级坝的横向监测断面不少于 3 个。（2）纵向监测断面以布置在第一道排水幕线上为宜，每个坝段至少设 1 个测点；坝基地质条件复杂时，测点应适当增加，遇到强透水带或透水性强的大断层时，可在灌浆帷幕和第一道排水幕之间增设测点。（3）横向监测断面通常布置在河床坝段、岸坡坝段、地质条件复杂的坝段以及灌浆帷幕转折的坝段。支墩坝的横向监测断面一般设在支墩底部。每个断面设 3~4 个测点，地质条件复杂时，可适当加密测点。测点通常布置在排水幕线上，必要时可在灌浆帷幕前布少量测点，当下游有帷幕时，上游侧也应布置测点，防渗墙或板桩后也要设置测点。（4）在建基面以下扬压力观测孔的深度不宜大于 1m，深层扬压力观测孔在必要时才设置。扬压力观测孔与排水孔不能相互替代使用。（5）当坝基浅层存在影响大坝稳定的软弱带时，应增加测点。测压管进水段应埋在软弱带以下 0.5~1m 的岩体中，并做好软弱带处进水管外围的止水，以防止下层潜水向上渗漏。（6）对于地质条件良好的薄拱坝，经论证可少做或不做坝基扬压力监测。（7）坝基扬压力监测的测压管有单管式和多管式两种，可选用金属管或硬塑料管。进水段必须保证渗漏水能顺利地进入管内。当可能发生塌孔或管涌时，应增设反滤装置。管口有压时，安装压力表；管口无压时，安装保护盖，也可在管内安装渗压计。

2. 坝基扬压力监测布置

坝基扬压力监测布置通常需要考虑坝的类型、高度坝基地质条件和渗流控制工程特点等因素，一般是在靠近坝基的廊道内设测压管进行监测。纵向（坝轴线方向）通常需要布置1~2个监测断面，横向（垂直坝轴线方向）对于1级或2级坝至少布置3个监测断面。

纵向监测量主要的监测断面通常布置在第一排排水帷幕线上，每个坝段设一个测点；若地质条件复杂，测点数应适当增加，遇大断层或强透水带时，在灌浆帷幕和第一道排水幕之间增设测点。

横向监测断面选择在最高坝段、地质条件复杂的谷岸台地坝段及灌浆帷幕转折的坝段。横断面间距一般为50~100m。坝体较长、坝体结构和地质条件大体相同，可适当加大横断面间距。横断面上一般设3~4个测点，若地质条件复杂，测点应适当增加。若坝基为透水地基，如砂砾石地基，当采用防渗墙或板桩进行，防渗加固处理时，应在防渗墙或板桩后设测点，以监测防渗层效果。当有下游帷幕时，应在帷幕的上游侧布置测点。另外也可在帷幕前布置测点，进一步监测帷幕的防渗效果。

坝基若有影响大坝稳定的浅层软弱带，应增设测点。如采用测压管监测，测压管的进水管段应设在软弱带以下0.5~1m的基岩中，同时应做好软弱带导水管段的止水，防止下层潜水向上渗漏。

（二）渗流量监测

当渗流处于稳定状态时，渗流量大小与水头差之间保持固定的关系。当水头差不变而渗流量显著增加或减少时，则意味着渗流出现异常或防渗排水措施失效。因此，渗流量监测对于判断渗流和防渗排水设施是否正常具有重要的意义，是渗流监测的重要项目之一。

1. 渗流量监测设计

渗流量监测是渗流监测的重要内容，它直观地反映了坝体或其他防渗系统的防渗效果，历史上很多失事的大坝也都是先从渗流量突然增加开始的，因此渗流量监测是非常重要的监测项目。

渗流量设施的布置，可根据坝型和坝基地质条件、渗流水的出流和汇集条件等因素确定。对于土石坝，通常在大坝下游能够汇集渗流水的地方设置集水沟和量水设备，集水沟及量水设备应布置在不受泄水建筑物泄洪影响以及坝面和两岸雨水排泄影响的地方。将坝体、坝基排水设施的渗水集中引至集水沟，在集水沟出口进行观测。也可以分区设置集水沟进行观测，最后汇至总集水沟观测总渗流量。混凝土坝渗流量的监测可在大坝下游设集水沟，而坝体渗水由廊道内的排水沟引至排水井或集水井观测渗流量。

2. 渗流量监测方法

常用的渗流量监测方法有容积法、测流速法，可根据渗流量的大小和汇集条件选用。

（1）容积法

适用渗流量小于 1L/s 的渗流监测。具体监测时，可采用容器（如量筒）对一定时间内的渗水总量进行计量，然后除以时间就能得到单位时间的渗流量。如渗流量较大时，也可采用过磅称重的方法，对渗流量进行计量，同样可求出单位时间的渗流量。

（2）测流速法

适用层最大于 300L/s 时的渗流监测。将渗流水引入排水沟，只要测量排水沟内的平均流速就能得到渗流量。

（三）绕坝渗流监测

当大坝坝肩岩体的节理裂隙发育，或者存在透水性强的断层、岩溶和堆积层时，会产生较大的绕坝渗流。绕坝渗流不光影响坝肩岩体的稳定，而且对坝体和坝基的渗流状况也会产生不利影响。因此，对绕坝渗流进行监测是十分必要的。有关规范对绕坝渗流监测的一般规定如下。

绕坝渗流监测包括两岸坝端及部分山体、土石坝与岸坡或混凝土建筑物接触面以及防渗齿墙或灌浆帷幕与坝体或两岸接合部等关键部位。绕坝渗流监测的测点应根据枢纽布置、河谷地形、渗控措施和坝肩岩土体的渗透特性进行布置。绕渗监测断面宜沿着渗流方向或渗流较集中的透水层（带）布置，数量一般为 2~3 个，每个监测断面上布置 3~4 条观测铅直线（含渗流出口）。如需分层观测时，应做好层间止水。工建筑物与刚性建筑物接合部的绕渗观测，应在对渗流起控制作用的接触轮廓线处设置观测铅直线，沿接触面不同高程布设观测点。岸坡防渗齿槽和灌浆帷幕的上下游侧应各设 1 个观测点。绕坝渗流观测的原理和方法与坝体、坝基的渗流观测相同，一般采用测压管或渗压计进行观测，测压管和渗压计应埋设于死水位或筑坝前的地下水位之下。

绕坝渗流的测点布置应根据地形、枢纽布置、渗流控制设施及绕坝渗流区渗透特性而定。在两岸的帷幕后沿流线方向分别布置 2~3 个监测断面，在每个断面上布置 3~4 个测点，帷幕前可布置少量测点。

对于层状渗流，可利用不同高程上的平洞布置监测孔，无平洞时，可分别将监测孔钻入各层透水带，至该层天然地下水位以下一定深度，一般为 1m，必要时可在一个孔内埋设多管式测压管，但必须做好上下两测点间的隔水措施，防止层间水相通。

第六章　水利水电工程安全风险管理

第一节　施工安全评价与指标体系

一、施工安全评价与指标体系

（一）施工安全评价

1. 施工特点

水利水电工程施工与我们常见的建筑工程施工如公路建设、桥梁架设、楼体工程等有很多相似之处。例如：工程一般针对钢筋、混凝土、沙石、钢构、大型机械设备等进行施工，施工理论和方法也基本相同，一些工具器械也可以通用。同时相比于一般建筑工程施工而言，水利水电工程施工也有一些自身的特点。

第一，水利水电工程多涉及大坝、河道、堤坝、湖泊、箱涵等建设工程，环境和季节对工程的施工影响较大，并且这些影响因素很难进行预测并精确计算，这就给施工留下很大的安全隐患。

第二，水利水电工程施工范围较广，尤其是线状工程施工，施工场地之间的距离一般较远，造成了各施工场地之间的沟通联系不便，使得整个施工过程的安全管理难度加大。

第三，水利水电工程的施工场地环境多变，且多为露天环境，很难对现场进行有效的封闭隔离，施工作业人员、交通运输工具、机械工程设备、建筑材料的安全管理难度增加。

第四，施工器械、施工材料质量也良莠不齐，现场的操作带来的机械危害也时有发生。

第五，由于施工现场环境恶劣，招聘的工人普遍文化教育程度不高，专业知识水平不足，也缺乏必要的安全知识和保护意识，这也为整个项目的施工增加了安全隐患。综上所述，水利水电工程施工过程中存在着大量安全隐患，我们要增加安全意识，提高施工工艺的同时更应该采取科学的手段与方法对工程进行安全评价，发现安全隐患，及时发布安全预警信息。

2. 安全评价内容

安全评价起源于 20 世纪 30 年代，国内外诸多学者对安全评价的概念进行了概括和总结，目前普遍接受的定义是《安全评价通则》：以实现安全为宗旨，应用安全系统的工程原理和方法，识别和分析工程、系统、生产和管理行为和社会活动中存在的危险和有害因素，预测判断发生事故和造成职业危害的可能性及其严重性，提出科学、合理、可行的安全风险管理对策建议。在国外，安全评价也称为风险评估或危险评估，它是基于工程设计和系统的安全性，应用安全系统的工程原理和方法，对工程、系统中存在的危险和有害因素进行辨识与分析，判断工程和系统发生事故和职业危害的可能性及其严重性，从而提供防范措施和管理决策的科学依据。

安全评价既需要以安全评价理论为支撑，又需要理论与实际经验相结合，两者缺一不可。

对施工进行安全评价的目的是判断和预测建设过程中存在的安全隐患以及可能造成的工程损失和危险程度，针对安全隐患提早做出安全防护，为施工提供安全保障。

3. 安全评价的特点和原则

（1）安全评价的特点

安全评价作为保障施工安全的重要措施，其主要特点如下：

①真实性。进行安全评价时所采用的数据和信息都是施工现场的实际数据，保障了评价数据的真实性。

②全面性。对项目的整个施工过程进行安全评价，全面分析各个施工环节和影响因素，保障了评价的信息覆盖全面性。

③预测性。传统的安全管理均是事后工程，即事故发生后再分析事故发生的原因，进行补救处理。但是有些事故发生后造成的损失巨大且大多很难弥补，因此我们必须做好全过程的安全管理工作，针对施工项目展开安全评价就是预先找出施工或管理中可能存在的安全隐患，预测该因素可能造成的影响及影响程度，针对隐患因素制定出合理的预防措施。

④反馈性。将施工安全从概念抽象成可量化的指标，并与前期预测数据进行对比，验证模型和相关理论的正确性，完善相关政策和理论。

（2）安全评价的原则

安全评价是为了预防、减少事故的发生，为了保障安全评价的有效性，对施工过程进行安全评价时应遵循以下原则：

①独立性。整个安全评价过程应公开透明，各评估专家互不干扰，保障了评价结果的独立性。

②客观性。各评价专家应是与项目无利益相关者，使其每次对项目打分评价均站在项目安全的角度，以保障评价结果的客观性。

③科学性。整个评价过程必须保障数据的真实性和评价方法的适用性，及时调整评价指标权重比例，以保障评价结果的科学性。

（3）安全评价的意义

安全评价是施工建设中的重要环节，与日常安全监督检查工作不同，安全评价通过分析和建模，对施工过程进行整体评价，对造成损害的可能性、损失程度及应采取的防护措施进行科学地分析和评价，其意义体现在以下几个方面：

①有利于建立完整的工程建设信息底账，为项目决策提供理论依据。随着社会现代信息化水平的不断提高，工程需逐步完善工程建设信息管理，完善现有的评价模型和理论，为相关政策、理论的发展提供大数据支持，建立完善的信息底账意义重大，影响深远。

②对项目前期建设进行反馈，及时采取防护措施，使得项目建设更规范化、标准化。我国安全施工的基本方针是"安全第一，预防为主，综合治理"，对施工进行安全评价，弥补前期预测的不足，预防安全事故的发生，使得工程朝着安全、有序的方向发展，有助于完善工程施工的标准。

③减少工程建设浪费，避免资金损失，提高资金利用率和项目的管理水平。对施工过程进行安全评价不仅能及时发现安全隐患，更能预测隐患可能带来的经济损失，如果损失不可避免，及早发现可以合理地选择减少事故的措施，将损失降至最低，提高资金的利用率。

4. 安全评价方法

（1）定性分析法

①专家评议法。专家评议法是多位专家参与，根据项目的建设经验、当前项目建设情况以及项目发展趋势，对项目的发展进行分析、预测的方法。

②德尔菲法。德尔菲法也称为专家函询调查法，基于该系统的应用，采用匿名发表评论的方法，即必须不与团队成员之间相互讨论，与团队成员之间不发生横向联系，只与调查员之间联系，经过几轮磋商，使专家小组的预测意见趋于集中，最后做出符合市场未来发展趋势的预测结论。

③失效模式和后果分析法。失效模式和后果分析法是一种综合性的分析技术，主要用于识别和分析施工过程中可能出现的故障模式，以及这些故障模式发生后对工程的影响，从而制定出有针对性的控制措施以有效地减少施工过程中的风险。

（2）定量分析法

①层次分析法。层次分析法（简称 AHP 法）是在进行定量分析的基础上将与决策有关的元素分解成方案、原则、目标等层次的决策方法。

②模糊综合评价法。模糊综合评价法是一种基于模糊数学的综合评价方法。该方法根据模糊数学的隶属度理论的方法把定性评价转化为定量评价，即用模糊数学对受到多种因素制约的事物或对象做出一个总体的评价。

③主成分分析法。主成分分析法（PCA）也被称为主分量分析，在研究多元问题时，变量太多会增加问题的复杂性，主成分分析法（PCA）是用较少的变量去解释原来资料中最原始的数据，将许多相关性很高的变量转化成彼此相互独立或不相关的变量，是利用降维的思想，将多变量转化为少数几个综合变量。

二、评价指标体系的建立

（一）指标体系建立原则

影响水利水电工程施工安全的因素很多，在对这些评价元素进行选取和归类时，应遵循以下建立原则。

①系统性各评价指标要从不同方面体现出影响水利水电工程施工安全的主要因素，每个指标之间既要相互独立，又存在彼此之间的联系，共同构成评价指标体系的有机统一体。

②典型性评价指标的选取和归类必须具有一定的典型性，尽可能地体现出水利水电工程施工安全因素的一个典型特征。另外指标数量有限，更要合理分配指标的权重。

③科学性每个评价指标必须具备科学性和客观性，才能正确反映客观实际系统的本质，能反映出影响系统安全的主要因素。

④可量化指标体系的建立是为了对复杂系统进行抽象以达到对系统定量的评价，评价指标的建立也通过量化才能精确的展现系统的真实性，各指标必须具有可操作性和可比性。

⑤稳定性建立评价体系时，所选取的评价指标应具有稳定性，受偶然因素影响波动较大的指标应予以排除。

（二）评价指标的建立影响

水利水电工程施工安全的指标多种多样，经过调研，将影响安全的指标体系分为四类：人的风险、机械设备风险、环境风险及项目风险。

（1）人的风险。

在对水利水电工程施工安全进行评价时，人的风险是每个评价方法都必须考虑的问题，研究表明，由于人的不安全行为而导致的事故占 80% 以上，水利水电工程施工大多是在一个有限的场地内集中了大量的施工人员、建筑材料和施工机械机具。施工过程人工操作较多，劳动强度较大，很容易由于人为失误酿成安全事故。

①企业管理制度。由于我国现阶段水利水电工程施工安全生产体制还有待完善，施工企业的管理制度很大程度上直接决定了施工过程中的安全状况，管理制度决定了自身安全水平的高低以及所用分包单位的资质，其完善程度直接影响到管理层及员工的安全态度和安全意识。

②施工人员素质。施工人员作为工程建设的直接实施者，其素质水平直接制约着施工的成效，施工人员的素质主要包括文化素质、经验水平、宣传教育、执行能力等。施工人员受文化教育的情况很大程度上影响着施工操作规范性以及对安全的认识水平；水利水电工程施工的特点决定了施工过程烦琐，面对复杂的施工环境，施工人员的经验水平直接影响到能不能对施工现场的危险因素进行快速、准确的辨识；整个施工队伍人员素质良莠不齐，对安全的认识水平也普遍不高，公司的宣传教育力度能大大增加人员的安全意识；安全施工规章制度最终要落实到具体施工过程中才能取到预期的效果。

③施工操作规范。施工人员必须经过安全技术培训，熟知和遵守所在岗位的安全技术操作规程，并应定期接受安全技术考核，针对焊接、电气、空气压缩机、龙门吊、车辆驾驶以及各种工程机械操作等岗位人员必须经过专业培训，获得相关操作证书后方能持证上岗。

④安全防护用品。加强安全防护用品使用的监督管理，防止安全帽、安全带、安全防护网、绝缘手套、口罩、绝缘鞋等不合格的防护用品进入施工场地，根据《建筑法》《安全生产法》及地方相关法规定在一些场景必须配备安全防护用具，否则不允许进入施工场地。

（2）机械设备风险

水利水电工程施工是将各种建筑材料进行整合的系统过程，在施工过程中需要各种机械设备的辅助，机械设备的正确使用也是保障施工安全的一个重要方面。

①脚手架工程。脚手架既要满足施工需要，且又要为保证工程质量和提高工效创造条件，同时还应为组织快速施工提供工作面，确保施工人员的人身安全。脚手架要有足够的牢固性和稳定性，保证在施工期间对所规定的荷载或在气候条件的影响下不变形、不摇晃、不倾斜，能确保作业人员的人身安全；要有足够的面积满足堆料、运输、操作和行走的要求；构造要简单，搭设、拆除并且搬运要方便，使用要安全。

②施工机械器具。施工过程使用的机械设备、起重机械（包含外租机械设备及工具）应采取多种形式的检查措施，消除所有损坏机械设备的行为，消除影响人身健康和安全的因素和使环境遭到污染的因素，以保障施工安全和施工人员的健康，形成保证体系，明确各级单位安全职责。

③消防安全设施。参照相关规定在施工场地内安设消防设施，适时展开消防安全专项检查，对存在安全隐患的地方发出整改通知书，制订整改计划，限期整改。定期进行防火安全教育，检查电源线路、电器设备、消防设备、消防器材的维护保养情况，检查消防通道是否畅通等。

④施工供电及照明。高低压配电柜、动力照明配电箱的安装必须相关标准要求，电气管线保护要采用符合设计要求的管材，特殊材料管之间连接要采用丝接方式。电缆设备和灯具的安装要满足施工规范，做好防雷设施。

（3）环境风险

由水利水电工程施工的特点可知，施工环境对施工安全作业有很大影响，施工环境是客观存在的，不会以人的意志为转移，因此面对复杂的施工环境，只能采取相应的控制措施，尽量削弱环境因素对安全工作的不利影响。

①施工作业环境。施工作业环境对人员施工有着很大影响，当环境适宜时人们会进入较好的工作状态，相反，当人们处于不舒适的环境中时，会影响工人的作业效率，甚至导致意外事故的发生。

②物体打击。作业环境中常见的物体打击事故主要有以下几种：高空坠物、人为扔杂物伤人、起重吊装物料坠落伤人、设备运转飞出物料伤人、放炮乱石伤人等。

③施工通道。施工通道是建筑物出入口位置或者在建工程地面入口通道位置，该位置可能发生的伤亡事故有火灾、倒塌、触电、中毒等，在施工通道建设时要防止坍塌、流沙、膨胀性围岩等情况，该位置的施工为了防止物体坠落产生的物体打击事故，防护材料及防护范围均应满足相关标准。

（4）项目风险

在进行水利水电工程施工安全评价时，项目本身的风险也是不可忽略的重要因素，项目本身影响施工安全的因素也是多种多样。

①建设规模。建设规模由小变大使得施工难度增大，危险因素也随之变化，会出现多种不安全因素。跨度的增大、空间增高会使施工的复杂程度成倍增加，也会大大增加施工难度，容易造成安全隐患。

②地质条件。施工场地地质条件复杂程度对施工安全影响很大，如土洞、岩溶、断层、断裂等，严重影响施工打桩建基的选型和施工质量的安全。如果对施工场地岩土条件认识不足，可能会造成在施工中改桩型，导致严重的质量安全隐患和巨大的经济损失。

③气候环境。对于水利水电工程施工，从基础到完工整个工程的70%都在露天的环境下进行，并且施工周期一般较长，工人要能承受高温寒冷等各种恶劣天气，根据施工地的气候特征选择不同的评价因素，常见的有高温、雷雨、大雾、严寒等。

④地形地貌。我国地域广阔，具有平原、高原、盆地、丘陵、山地等多种地形地貌。对地形地貌进行分析是因地制宜开展水利水电工程施工安全评价的基础工作之一。

⑤涵位特征。在箱涵施工时，不可避免地要跨越沟谷、河流、人工渠道等。涵位特征的选择也决定了它的功能、造价和使用年限，进行安全评价时要查看涵位特征是否因地制宜，综合考虑所在地的地形地貌、水文条件等。

⑥施工工艺。水利水电工程施工过程中，由于机械设备需要大范围使用，一些施工工艺本身的复杂性，使得操作本身具有一定的危险性，因此施工工艺的成熟度及相关人员技术掌握情况有必要加强。

第二节　水利水电工程施工安全管理系统

在水利水电工程施工中应用一个以人为主，借助网络信息化的系统，其中专家体系在系统中的作用是最重要的。例如，评价体系指标元素的确定、评价方法的选择、评价指标体系的建立、评价结果的真实性判断等，这些环节在进行安全管理中是非常普遍的，但是在大型水利水电工程施工项目中只有依靠专家群体的经验与知识才能把工作处理好。这里的专家体系由跨领域、跨层次的专家动态组合而成，专家体系包含五部分：政府部门、行业部门、建设单位（包括监理）、施工企业和安全专家，五种力量协同管理的"五位一体"模式，政府及主管部门随时检查监督，安全监理可根据日常监管如实反映整体安全施工的情况，专家可以对安全管理信息进行高层判断、评判和潜在风险识别，施工企业则可以及时得到反馈和指导，劳动者也可以及时得到安全指导信息，学习安全施工的有关知识，与现场安全监管有机结合，最终实现全方位、全过程、全时段的施工安全管理。

一、系统分析

目前水利水电工程施工安全管理对于信息存储仍然采用纸介质方式，这就使存储介质的数据量大，资料查找不方便，给数据分析和决策带来不便。信息交流方面，由于各种工程信息主要记载在纸上，使工程项目安全管理相关资料都需要人工传递，这影响了信息传递的准确性、及时性、全面性，使各单位不能随时了解工程施工情况。因此，各级政府部门、行业部门、建设及监理单位、施工企业以及施工安全方面的专家学者应该协同工作，形成水利水电工程安全管理的"五位一体"的体制。利用计算机云技术管理各种施工安全信息（文本、图片、照片、视频，以及有关安全的法律法规、政策、标准、应急预案、典型案例等），通过信息共享，政府及主管部门随时检查监督，而旁站的安全监理可根据日常监理如实反映整体安全施工的情况，专家可以对安全管理信息进行高层判断、评判和潜在风险识别，施工企业则可以及时得到反馈和指导，劳动者也可以及时得到安全指导信息，学习安全施工的有关知识，与现场安全监管有机结合，最终实现全方位、全过程、全时段的施工安全管理。

二、系统架构

软件结构的优劣从根本上决定了应用系统的优劣，良好的架构设计是项目成功的保证，能够为项目提供优越的运行性能，本系统的软件结构根据目前业界的统一标准构建，为应用实施提供了良好的平台。系统采用了 B/S 实施方案，既可以保证系统的灵活性和简便性，又可以保证远程客户访问系统，使用统一的界面作为客户端程序，方便远程客户访问系统。本系统服务器部分采用三层架构：表现层、业务逻辑层、数据持久层，具体实现采用 J2EE 多个开源框架组成，即 Struts2、Hibernate 和 Spring，业务层采用 Spring，表示层采用 Struts2，而持久层则采用 Hibernate，模型与视图相分离，利用这三个框架各自的特点与优势，将它们无缝地整合起来应用到项目开发中，这三个框架分工明确，充分降低了开发中的耦合度。

三、统功能

根据水利水电、建筑施工安全管理需求进行系统分析，将水利水电工程施工安全管理系统按照模块化进行设计，将系统按功能划分为六个模块：安全资料模块、评价体系模块、工程管理模块、评分管理模块、安全预警模块及用户管理模块。

用户管理模块主要为用户提供各种施工安全方面的文件资料；法规与应急管理模块主要负责水利水电工程施工的法规与标准和应急预案资料的查询及管理；评价体系和安全信息管理模块作为水利水电工程施工安全管理系统的核心部分，充分发挥自身专业化的技能，科学管理施工的安全性，保证施工的进度、质量和安全性；评价模型库模块主要是通过打分法、定量与定性结合法、模糊评价、神经网络评价以及网络分析法等对施工项目进行评价，且可以相互验证，提高评价的公正性与准确性，施工单位必须按照水利水电工程施工行业的质量检验体系和施工标准规范，依托相关的国家施工法律和相关行业规范，科学合理地编制本工程质检体系和检验标准，确保工程的施工进度和施工验收工作的顺利开展。工程管理模块用来对在建工程进行管理，可对工程进行分段划分，对标段资料信息管理，对标段的不同施工单元进行管理，并可根据评价体系为不同施工单元指定不同评价内容；安全预警模块主要是对施工安全预警的管理及发布，贯穿项目管理的始末，可以有效地对施工过程存在的不安全因素进行预警，做到提前预防及安全防范措施。

（一）系统主界面

启动数据库和服务器，在任何一台联网的计算机上打开浏览器，地址栏输入服务器相应的 URL，进入登录界面。为防止有的用户利用工具进行恶意攻击，页面采用了随机验证码机制，验证图片由服务器动态生成。用户点击安全资料链接可进入安全资料模块，进行资料的查阅；也可点击进行用户注册。会员用户输入用户名、密码、验证码，信息正确后进入系统。任何用户注册后需经业主方审核通过后才能登录系统。

（二）法规与应急管理

水利水电工程施工是一个危险性高且容易发生事故的行业。水利水电工程施工中人员流动较大、露天和高处作业多、工程施工的复杂性及工作环境的多变性都导致施工现场安全事故频发。因此，非常有必要对按照相关的法律法规进行系统化的管理。此模块主要用于存储与管理各种信息资源，包括法规与标准（存储水利水电工程施工安全评价管理参考的相关法律、行政法规、地方性法规、部委规章、国家标准、行业标准、地方标准）、应急预案参考（提供各类应急预案、急救相关知识、相关学术文章、相关法律法规、管理制度与操作规程，为确保事故发生后，能迅速有效地开展抢救工作，最大限度地降低员工及相关方安全风险）。用户可根据需求，方便地检索所需的资料，为各种用户提供施工安全方面的文件资料，用户可在法规与应急管理模块的菜单栏中根据不同的分类查找自己需要的资料，点击后在右侧内容区域会有显示。

（三）评价体系模块

不同角色用户登录后，由于权限不同，看到的页面是不同的。系统主要设置了四个用户角色，分别是业主、施工单位、监理及专家。

1.评价类别（一级分类）管理

评价体系模块主要由业主负责，包括对施工工程进行评价的评价方法及其相对应的指标体系。主要有参考依据、类别管理、项目管理、检查内容管理以及神经网络数据样本管理等部分。

安全评价是为了杜绝、减少事故的发生，为了保障安全评价的有效性，对施工过程进行安全评价时应遵循以下原则：

（1）独立性

整个安全评价过程应公开透明，各评估专家互不干扰，保障了评价结果的独立性。

（2）客观性

各评价专家应是与项目无利益相关者，使其每次对项目打分评价均站在项目安全的角度，以保障评价结果的客观性。

（3）科学性

整个评价过程必须保障数据的真实性和评价方法的适用性，及时调整评价指标权重比例，以保障评价结果的科学性。参考依据部分为安全评价的有效进行提供了依据。

评价类别主要是一级类别的划分，用户可根据不同行业标准以及参考依据自行划分，本系统主要包括安全管理、施工机具、桩机及起重吊装设备、施工用电、脚手架工程、模板工程、基坑支护、劳动防护用品、消防安全、办公生活区在内的十个一级评价指标，用户还可以根据施工安全评价指标进行类别的添加、修改、删除。页面打开后默认显示全部类别，如内容较多，可通过底部的翻页按钮查看。

通过点击上面的添加按钮，可弹出窗口进行类别的添加。其中内容不能为空，显示次序必须为整数数字，否则不能提交。显示次序主要是用来对类别进行人工排序，数字小的排在前面。类别刚添加时，分值为0，当其中有二级项目时（通过项目管理进行操作），其分值会更新为其包含的二级项目分值的总和。用户在某一类别所在的行用鼠标左键单击，可选中这一类别。在类别选中的状态下，点击修改或删除按钮可进行相应的操作。如未选中类别就直接操作，则会弹出对话框，提示相关信息。

对于一级分类下还有二级项目内容的情况下，此分类是不允许直接删除的，须在二级项目管理页面中将此分类下的所有数据清空后才行，即当其分值为0时，方可删除。

2. 评价项目（二级分类）管理

评价项目属于类别（一级分类）的子模块。如"安全管理"属于一级分类，即类别模块，其下包含"市场准入""安全机构设置及人员配备""安全生产责任制""安全目标管理""安全生产管理制度"等多个评价项目。

在默认情况下，项目管理页面不显示任何记录，用户需点击搜索按钮进行搜索。所属类别为一级分类，从已添加的一级分类中选取，检查项目由用户手工输入，可选择这两项中的任何一项进行搜索；当"所属类别"和"检查项目"都不为空时，搜索条件是且的关系。在检查结果中，用户可以用鼠标选中相应记录，进行修改、删除，方法同一级分类操作。也可点击添加按钮，添加新的项目。评价内容管理评价内容的操作主要是为评价项目（二级分类）添加具体内容，用户选择类别和项目后，可点击添加按钮进行评价内容的添加。经过对不同工程的各种评价内容进行分类、总结归纳，划分出三种考核类型：是非型、多选型及文本框型。

3. 检查内容管理

检查内容管理负责对施工单元进行评价，是评价体系的核心内容，只有选择科学、实用、有效的评价方法，才能真正实现施工企业安全管理的可预见性以及高效率，实现水利水电工程施工安全管理从事后分析型转向事先预防型。经过安全评价，施工企业才能建立起安全生产的量化体系，改善安全生产条件，提高企业安全生产管理水平。本系统为检查内容管理方面提供了打分法、定量与定性相结合、模糊评价法、神经网络预测法以及网络分析法等多种评价方法。定性分析方法是一种从研究对象的"质"或对类型方面来分析事物，描述事物的一般特点，揭示事物之间相互关系的方法。定量分析方法是为了确定认识对象的规模、速度、范围、程度等数量关系，解决认识对象"是多大""有多少"等问题的方法。系统通过专家调查法对水利水电工程施工过程中的定性问题，如边坡稳定问题、脚手架施工方案等进行评价。由于专家不能随时随地在施工现场，可以将施工现场中的有关资料上传到系统，专家可以通过本系统做到远程评价。定量评价是现场监理根据现场数据对施工安全中的定量问题，如安全防护用品的佩戴及使用、现场文明用电情况等进行具体精细的评价。一般来说，定量比定性具体、精确且具操作性。但水利水电工程施工安全评价不同于一般的工作评价，有些可以定量评价，有些不能或很难量化。因此，对于不能量化的成果，就要选择合适的评价方法使其评价结果公正。

运用定性定量相结合的方法，在评价过程中将专家依靠经验知识进行的定性分析与监理基于现场资料的定量判断结合在一起，综合两者的结论，辅助形成决策。评价人员可以通过多种方式进行评价，充分展示自己的经验、知识，还可以自主搜索和使用必要的资源、数据、文档、信息系统等，辅助自己完成评价工作。

（四）工程管理模块

工程管理模块主要是业主对整个工程的管理、施工单位对所管辖标段的管理。此模块主要包括标段管理、施工单元管理、施工单元考核内容管理、评价得分详情、模糊评价结果以及神经网络评价结果等部分。不同的角色用户在此模块中具有不同的权限。

1. 标段管理

此模块分为两部分，一部分是业主对标段的管理，另一部分是施工单位对标段的管理。

（1）业主对标段进行管理

此模块是业主特有的功能，主要用于将一个工程划分为多个标段，交由不同的施工单位去管理。业主可为工程添加标段，也可修改标段信息，或删除标段。选中一个标段后，点击其中的"查看资料"将会弹出新页面，显示此标段的"所有信息"（这些信息是由施工单位负责维护的），其中施工单位是从已有用户中选择，是否开放有"开放"（开放给施工单位管理）和"关闭"（禁止施工单位对其操作）两个选项，所有数据不能为空。

（2）施工单位对标段进行管理

施工单位通过登录主界面登录后，会进入标段管理界面。如果某施工单位负责对多个标段的施工，则首先选择要管理的标段选择后可进入标段管理主界面，如施工单位只负责一个标段，则直接进入标段管理主界面。施工单位可通过菜单栏对相应信息进行管理，总体分为两类。

企业资质安全证件。这部分主要是负责管理有关安全管理的各种证件（企业资质证、安全生产合格证），用户第一次点企业资质安全证件时，系统会提示上传相关信息并转入上传页面。施工单位可在此发布图片、文件信息，并做文字说明。点击提交即可发布。点击右上角的编辑，可进入编辑页面，对信息进行修改。

信息的发布与管理。除企业资质安全证件以外的信息，全部归入信息发布与管理进行发布管理。主要包含规章制度和操作规程（安全生产责任制考核办法，部门、工种队、班组安全施工协议书，安全管理目标，安全责任目标的分解情况，安全教育培训制度，安全技术交底制度，安全检查制度，隐患排查治理制度，机械设备安全管理制度，生产安全事故报告制度，食堂卫生管理制度，防火管理制度，电气安全管理制度，脚手架安全管理制度，特种作业持证上岗制度，机械设备验收制度、安全生产会议制度、用火审批制度、班前安全活动制度、加强分包、承包方安全管理制度等文本，各工种的安全操作规程，已制订的生产安全事故应急救援预案、防汛预案、安全检查制度，隐患排查治理制度，安全生产费用管理制度），工人安全培训记录，施工组织设计及批复文件，工程安全技术交底表格，危险源管理的相关文件（包括危险源调查、识别、评价并采取有效控制措施），施工安全日志（翔实的），特种作业持证上岗情况，事故档案，各种施工机具的验收合格书，施工用电安全管理情况，脚手架管理（包括施工方案、高脚手架结构计算书及检查情况）。点击"信息发布"，选择栏目后可发布文字、图片、文件、视频等信息。

2. 施工单元管理

施工单元代表着标段的不同施工阶段，此模块主要由施工单位负责，业主也具有此功能，同时比施工单位多了评价核算功能。施工单位可在此页面增加新的施工单元，也可修改、删除单元资料。同时，在菜单栏点击，可以发布此施工单元有关的文字、图片、视频等信息。施工单位只能管理自己标段的单元信息，而业主可以对所有标段的施工单元进行操作（但不能为施工单位发布单元信息），同时可对各施工单元进行评价结果核算。业主可选择打分法核算、模糊评价核算、神经网络核算中的一种方法进行核算，核算后结果会显示在列表中。

（五）评分模块

此模块主要涉及的角色是业主和专家。业主负责指定评价内容，专家负责审核标段资料，并对施工单元打分，最后由业主对结果进行核算。

首先由业主确定施工单元要考核的内容，选好相应施工单元后，可点击添加按钮，选择要评价的项目，其中的评价项目来自评价体系模块。每个标段可以根据现场不同情况指定多个考核项目。同时可以点击查看打开测试页面，了解具体评分内容。

专家通过主界面登录到系统，首先选择要测评的标段，选择相应标段后，可进入标段信息主页面，对施工单位所管理的标段信息进行检查。点击施工单元评价，可对施工单元信息进行检测和评价。点击"进行评价"，专家进入评分主界面。选择其中的一项，点击"进行打分"，进入具体评分页面。

（六）安全预警模块

安全预警机制是一种针对防范事故发生制订的一系列有效方案。预警机制顾名思义就是预先发布警告的制度。

此模块主要是由专家向施工单位发布安全预警信息，提醒施工单位做好相应工作。由专家选择相应标段，进行信息发布。业主对不同标段预警信息进行删除与修改。施工单位登录标段管理主界面后，首先显示的就是标段信息和预警信息。

第三节　项目风险管理方法

一、国内外研究现状

（一）国外研究现状

项目管理自 20 世纪 30 年代在美国出现后，经过几十年的研究，得到了很大发展。而风险管理是项目管理的一个重要的组成部分，源于一战后的德国。20 世纪 50 年代以后受到了欧美各国的普遍重视和广泛应用，自 80 年代以来，项目风险管理的研究在施工建筑工程领域、财务金融领域引起了高度重视，欧美国家的大中型企业成立了专门风险研究机构，美国还成立了风险研究所和保险与风险管理协会等学术团体，专门研究全美和工商企业的风险管理工作。

20 世纪 70 年代中期，风险管理课程已在大部分的美国大学工商学院开设。同时还对通过风险管理资格考试的人员颁发了 ARM 证书。专家学者还在风险管理年会上通过了风险管理的一般原则，即 101 条风险管理准则。

（二）国内研究现状

我国的风险研究起步较晚。改革开放前，我国执行的是高度集中的计划经济体制。在《航空学报》上顾昌耀和邱苑华两位学者首次开展了风险决策研究。十多年来，我国特别针对项目安全风险管理的著作出版很少，大部分是对国外理论的简单论述，风险管理研究重点着眼于进度风险、投资风险控制，对施工过程的风险识别和分析以及风险应对措施，重视程度不足，这主要是由于项目管理理论是从引进国外的网络计划技术开始的。我国从新中国成立开始，到改革开放初期，由于长时间是计划经济体制，工程项目建设一般以国家和国有大型企业为主体，所有风险责任由国家承担，与企业没有直接的利害关系。体制改革后，工程项目建设投资已从单一的国家主体向多元化主体转变，施工企业由过去计划经济体制下的大型国有企业向民营、国营、个体企业逐渐转化，工程风险管理越来越引起政府有关部门和企业所重视。

二、项目风险

（一）项目风险的含义

在日常生活中，我们经常谈论到风险（Risk）一词，人们经常从不同的角度理解风险的含义。风险既是一种概率事件，又代表一种不确定性，它是一种潜在的、对将来有可能发生并造成损害的判断和推测。一般来说，风险的概念是指损害的不明确性。它是指在一定期限内和特定条件下发生的各项可能的变化幅度。但这一概念，还没有在经济领域、决策分析领域、保险界形成一个公认的定义。美国学者罗伯特·梅尔在《保险基本原理》一书中和英国学者拉尔夫·L. 克莱因在《项目风险管理》中都对风险给出了自己的定义。

北京航空航天大学管理学院杜端甫教授则认为，风险是指损害发生的不明确性，它是人们预期目标与实际效果发生偏差的一种综合。

目前，要全面理解风险的定义，主要从以下七个方面进行。

第一，风险与人的行为息息相关，它涵盖了个人、单位、组织等各个层面。风险的发生与人的行为有联系，不以人的客观意志为转移。

第二，风险是随着客观条件的改变而变化的。虽然人们在施工过程中无法全面掌控客观条件，但是通过分析、判断，来把握客观条件发生转变的规律，对有关的风险变化的状况做出科学合理的推断，以此做好风险管理工作。

第三，决策行为与风险状态是风险发生的基础条件，二者相辅相成，缺一不可，所有风险都是二者相互统一的结果。

第四，风险是指事件的后果与目标发生的偏差，它具有可变性。在产生风险的条件发生转变时，风险的性质和数量也会随之发生变化，具体表现在风险发生性质的变化、风险造成的损害程度以及产生新的风险类别。

第五，风险是指实际产生的结果与预定目标发生了一定的偏差，它真实地反映了现实活动中人们的理想目标与现实目标之间的差异。

第六，根据概率理论，风险的损害程度取决于其导致损失的概率分布。人们可以发挥个人的主观能动性，对风险产生的概率及其所造成的破坏程度做出判断，从而对风险因素做出推论和评判。

第七，水利水电工程由于施工工期较长、涉及建设范畴广泛、存在一定的风险因素及种类繁多且复杂，致使工程项目在建设期限内面临的危险因素各不相同，而且众多的风险因素相互之间有一定的内在联系，与外界的关系也错综复杂，相互影响，又使得风险目标呈现出多样、多层次的特点。

（二）项目风险的特征

工程施工建设项目是一项繁杂的系统工程，而项目风险则是在项目施工建设这一特定的环境下发生的，工程项目风险与项目建设活动息息相关，通过对工程项目风险特征的研究能够使我们深刻认识到工程项目风险的独特性。

风险是普遍存在的客观因素。风险发生的不确定性，超出了人的主观意识并独立存在，它贯穿于项目发展的全过程。人类一直渴望采取一种有效的控制方法和手段，来降低或消除风险，但至今为止也只是在一定区域内改变其存在和发展的环境，减少其发生的次数，降低其造成的损失程度，而不能从根本上消除风险。

偶然性和必然性。任何风险都是各种因素相互影响的结果。个别的风险事故从表象上看具有偶然性，但经过对大量风险事故的调查、分析，就能发现风险的发生具有较为显著的规律性。这就使得人们能够采用概率分析或其他风险统计方法去估计风险发生的概率和破坏程度，确保了工程建设的正常运行。

风险不是一成不变的。这是指在项目实施的整个寿命周期内，各种风险随着项目的进行而发生着变化。项目何时何处发生风险、发生何种风险及风险程度是不确定的。

水利水电建设施工项目的开发时间长、投资额大、工程施工区域广，受环境、地质条件、资金、进度、质量、安全等多方面的影响，风险因素种类繁多且复杂，各种各样的风险存在于施工建设的各个环节中。各类风险之间关系的复杂性以及与项目建设的交叉影响，使得风险具备不同的层次。

风险和收益可以相互转化。风险和收益是相辅相成的，可以同时存在。高收益一定伴随着高风险。任何事情和行为的发生都有它存在的原因和相应的结果。在一定的环境下，风险和收益能够相互顺利转化。随着人们对风险因素的辨识能力增强，逐渐能够有效地认识、分析、抵制和控制风险，就能在一定程度上降低项目风险带来的损失范围和程度及项目风险的不确定性程度。

三、项目风险管理

项目风险管理是项目管理研究的一个重要内容，也是风险管理理论在建设项目管理领域的发展与应用。近年来，随着全球范围内工程建设的持续繁荣，工程项目建设过程的安全风险管理已成为项目管理研究领域中一个尤为突出的问题。如何做好工程项目风险管理工作、减少发生概率和降低风险损失，成为目前工程建设项目管理的重要议题。期刊上工程项目风险管理论文的不断涌现也表明了学术界和工业界对工程项目风险管理研究与实践的重视。

（一）项目风险管理的定义

项目风险管理（Project Risk Management）是指对项目风险从认识、辨别、衡量项目风险、策划、编制、选择风险管理方案等一系列程序，是一个动态循环、系统完整的过程。

要认识项目风险，就必须了解风险的特征。首先，风险的潜在特征，容易使人们忽视它的存在，导致发生的概率增加和损失增大；它的客观性，也使得人们只能采取一些措施使其潜在风险最小化，并不能完全消除；它的主观特性，会使其受到特定环境的影响而变化；它的可预见性，能够让我们通过一系列的管理方法，来减少项目风险的不确定性。

（二）建设工程项目风险管理的特征

工程项目建设活动是一项错综复杂的，具备多学科知识的综合性系统工程，涉及社会、自然、经济、技术、系统管理等多门学科。项目风险管理是在项目施工建设这一特定范围内发生的，与项目建设的各项工作联系紧密，通过对项目风险系统特性的研究，能更加清楚地认识到项目风险管理的独特性。建设工程项目风险管理的风险来源、风险的发生过程、风险潜在的破坏能力、风险损失的波及范围以及风险的破坏力复杂多样，仅凭单一的管理理论或单一的工程技术、合同、组织、教育等措施来进行管理都有其一定的局限，必须采用全方位、多元化的方法、手段，才能以最小的成本得到最大的效益。

建设工程项目风险管理有其独有的特征。项目风险控制是一项具有综合性的高端管理工作，它涉及项目管理的全过程和各个方面，项目管理的各个子系统，必须与安全、质量、进度、合同管理相融合；不同的风险处理方法也不尽相同。项目风险之间对立统一、相辅相成，通过项目特殊的环境和方法进行结合，形成特定的综合风险。只有对项目管理系统以及系统的环境进行深入、细致的了解，才可能采取切实可行的应对措施，进行有效的风险管理。风险管理实质上是做好事前控制，其目的就是依据过去的经验教训，采取概率分析法对将要发生的情况进行预测，据此采取相应的应对措施。

工程项目风险管理在不同阶段随项目建设的不断进展，各种风险依次相继显现或消亡，它必须与建设项目所在行业、施工区域、施工环境、项目的复杂性等条件进行全方位的综合考虑。任何系统都有其生存的特殊环境，施工环境不同，同一类型的项目风险因素造成的影响也存在差异。风险管理应该以投资安全为核心，采取更加有效的风险控制、监控措施，降低风险的发生概率，减少事故损失，保证工程项目目标的圆满完成。

（三）项目风险的管理过程

项目风险管理过程，一般由若干个阶段组成，这些阶段不仅相互作用，而且也相互影响。对于项目风险管理过程的认识，不同的组织和个人有不同的认识。

美国项目管理协会（PMI）编制的 PMBOOK（2000）版中将风险管理过程分为风险管理规划、识别、定性分析、量化分析、应对设计、风险监控和控制六个部分。

复旦大学出版的《项目管理》一书把项目风险管理划分为识别、分析与评估、处理和监视四个过程。

根据我国对项目管理的定义和特性的研究，将风险的过程分为风险规划、风险识别、风险分析与评估、风险处理和风险监控几个阶段。

1. 项目风险管理规划

风险管理规划是指在进行风险管理时，对项目风险管理的流程进行规划，并形成书面文件的一系列工作。风险规划采取一整套切实可行的方法和策略，对风险项目进行辨别和追踪。制定出风险因素的应对方法，对施工项目开展风险评估，以此来推断风险变化的状况。风险规划主要考虑的因素有：风险策略、预定角色、风险容忍程度、风险分解结构、风险管理指标等。

风险管理规划过程是设计和进行风险管理活动内容的依据，表达了在风险管理规划过程中内部与外部活动的相互作用。风险管理规划的方法有：风险管理图表法、项目工作分解结构（WBS）。

风险管理规划一般包括以下几项内容：

第一，通过调查、研究，对可能存在的潜在风险及损失进行分析、辨识。

第二，对已经辨识的风险采取科学有效的方法进行定量的估计和评价。

第三，研究可能减少风险的措施方案，对其可操作性、经济性进行考虑，评估残留风险因素对项目造成的影响。

第四，初步制订风险因素的动态管理计划及监控方案。

第五，根据项目实际的变动状况，对现在执行的风险规划进行追踪并做出修改。

2. 项目风险管理识别

风险识别是项目管理者识别风险来源、确定风险发生条件、描述风险特征并评价风险影响的过程。由风险来源、风险事件和风险征兆三个相互关联的因素。

风险识别的目的主要是方便评估风险危害的程度以及采取有效的应对方案。风险具有隐蔽性，而人们无法观察到存在的内在危险，往往被表面现象迷惑。因此，风险识别在风险管理中显得尤为重要。管理风险的第一步是识别风险，要充分考虑到风险造成的危害程度及潜在损失，只有进行了正确识别，才能有效地采取措施来控制、转移或管理风险。进行风险识别的主体范围较广，包括工程项目责任方、风险管理组、主要持股人、主管风险处理的责任人以及风险负责人等。在对风险进行识别时，风险识别主体需要确定风险类型、影响范围、存在条件、因素、地域特点、类别等各方面内容。

风险识别具备的全员性、整体性、动态变化、综合性等特点，决定了风险管理识别的首要步骤是对各种风险因素和可能发生的风险事件进行分析，重点分析项目中有哪些潜在的风险因素？这些因素引发的危害程度多大？这些风险造成的影响范围及后果有多大？任何忽视、无限扩大和压缩项目风险的范围、种类和后果的做法都会给项目带来极大的影响。

风险识别主要采用故障树法、专家调查法、风险分析问询法、德尔菲法、头脑风暴法、情景分析法、SWOT 分析法和敏感性分析法等来进行有效辨别。其中专家调查法是邀请专家查找各种的风险因素，并对其危险后果做出定性估量。故障树法是采用图标的方式将引起风险发生的原因进行分解，或把具有较大危害的风险分解成较小的、具体的风险。

风险识别就是从项目的整体系统入手，贯穿工程项目的各个方面和整个发展过程，将导致风险事件发生的复杂因素细化为易识别的基础单位。从众多的关系中抓住关键要素，分析关键要素对项目建设的影响。通常包括资料的收集与风险形势估计两个步骤。

工程项目的全面风险管理的首要步骤是风险识别，它在风险管理控制中有着承上启下的作用。

3. 项目风险管理

风险分析是由工程项目风险管理人员应用风险分析工具、风险分析技术，根据各种风险因素的类别，对风险存在的条件和发生的期限、地点、风险造成的危害影响和损失程度、风险发生的概率、危害程度以及风险的可控性进行分析的过程。目前风险管理分析的主要方法有决策树法、模糊分析法等。

决策树法，就是运用图形来表示各决策阶段所能达到的预期值，通过核算，最终筛选出效益最大、成本最小的方法。决策树法是随机决策模型中最常使用的，能有效控制决策风险。

模糊集合理论是由美国自动控制专家乍得教授在 1965 年提出的。该综合评价法采用模糊数学对受到多种因素制约的事物或对象做出一个总体评价。它结果清晰，系统性强，能较好地解决模糊的、不易量化的问题，适合各种非确定性问题。

4. 项目风险管理评估

项目风险评价是以项目风险识别和分析为基础，运用风险评价特有的系统模型，对各种风险发生的概率及损失的大小进行估算，对项目风险因素进行排序的过程，为风险应对措施的合理性提供科学的依据。工程项目风险评价的标准有项目分类、系统风险管理计划、风险识别应有的效果、工程进展状况等。进行分析与评价的数据应准确和可靠。

风险评估又称风险测定、估算、测量。它是对已经识别、分析出来的风险因素的权重进行检测，对一定范围内某一风险的发生测算出概率。主要目的是比较、评估项目各实施方案或施工措施所造成的风险发生的概率和损失大小程度，以便从中选择最优化的方案。

风险识别之后才能实施风险评估计划，它是对已存在的工程项目风险因素进行量化的过程。人们将已分类的、经过辨别的风险，综合考虑风险事件发生的概率和引起损失的后果，按照其权重进行排序。通过风险识别能够加深风险管理人员对工程项目本身和所在环境的了解，可以使人们用多种方法来加强对施工过程中存在的风险因素进行控制。

风险评估工作一般是由经过培训的专业人员来进行的，但在施工企业内部基本上是由工程项目部的计划、财务、安全、质量、进度控制等部门人员分别实施的。他们利用所掌握的风险评估方法与工具，对承担的工程项目的目标工期、进度要求、质量要求、安全目标等方面加以评估，对安全风险因素进行定量预测。风险评估在项目风险管理研究中是一个热门话题。目前，风险评估的方法主要有综合评价法，模糊评价法、风险图法、模拟法和主观概率法等。

5. 项目风险管理处置

对项目进行风险处置就是对已辨识的风险因素，通过采取减轻、转移、回避、自留和储备等风险应对手段，来降低风险的损失程度，减少风险事件的发生。不同的风险类型有不同的应对处理方式。风险处治由专业的管理人员来处理，主要包括对风险因素的辨识、风险事件发生的原因分析、可采取的措施的成本分析、处理风险的时间以及对后续工程的影响程度等。风险管理处置的风险控制是指采取相应技术措施，降低风险事件造成的影响。工程项目管理者一般情况下采用以下方法来控制风险。

第一，风险回避：充分考虑风险因素发生及可能造成的危害程度，拒绝实施该方案，杜绝风险事件的发生。该措施属于事前控制、主动控制。

第二，风险转移：为降低或减轻风险损失，通过其他方式或手段将损害程度转嫁给他人，分为非保险转移及保险转移两种形式。在工程项目施工中，风险转移一般以建筑（安装）施工一切险、投标保证金、履约保函等形式出现。

第三，风险自留：建设投资方自己主动承担风险损失。

第四，风险分散：根据项目的多样性、多层次性的特点，将项目投资用于不同的项目层次和不同的项目类别。

第五，风险降低：采取必要措施，来减少事件发生概率和风险损失。项目风险管理监控就是通过一系列行之有效的方法和手段，对项目实施进行策划、分析识别、应对处置，来保证风险管理目标的实现。其目的是检查应对措施的实际效果是否与所设想的效果相同；寻找进一步细化和完善风险处理措施的机会，从中得到信息的反馈，以便使将来的决策方法更加符合实际情况。

风险监控由风险管理人员实施，主要是利用风险监控工具和技术，对已发现或潜在的问题及时提出警告，进行反馈。风险监控实际上是一个实时的、连续的不间断的过程。它主要采取的措施包括审核检查法、项目风险报告、赢得值法等。

第四节　水利水电工程项目风险管理的特征

一、水利水电工程风险管理目的和意义

随着我国国民经济的发展，我国的工程建设项目越来越多，投资规模逐年增加，新技术、新工艺、新设备的不断研发利用，导致项目工程建设过程中面临的各种风险也日渐增多。有的风险会造成工期拖延；有的风险会造成施工质量低劣，从而严重影响建筑物的使用功能，甚至危害到人民生命财产的安全；有的风险会使企业经营处于破产边缘。

减少风险的发生或降低风险的损失，将风险造成的不利影响降到最低程度，需要对工程项目建设进行有效的风险管理和控制，使科技发展与经济发展相适应，更有效地控制工程项目的安全、投资、进度和质量计划，更加合理地利用有限的人力、物力和财力，提高工程经济效益、降低施工成本。加强建设工程项目的风险管理与控制工作将成为有效加强项目工程管理的重要课题之一。

中国是世界上水能资源最丰富的国家，可能开发的装机容量达 378.53GW，占世界总量的 16.74%，水利水电工程是通过对大自然加以改造并合理利用自然资源产生良好效益的工程，通常是指以防洪、发电、灌溉、供水、航运以及提高水环境质量为目标的综合性、系统性工程，它包括高边坡开挖、坝基开挖、大坝混凝土浇筑、各种交通隧洞、导流洞和引水洞、灌浆平洞等的施工以及水力发电机组的安装等施工项目。在水电工程施工建设过程中，受到各种不确定因素的影响，只有成功地进行风险识别，才能更好地做好项目管理，要及时发现、研究项目各阶段可能出现的各种风险，并分清轻重缓急，要有侧重点。针对不同的风险因素采取不同的措施，保证工程项目以最小的风险损失得到最大的投资效益。

风险管理理论在 20 世纪 80 年代中期进入我国后，在二滩水电站、三峡水利枢纽工程、黄河小浪底水利枢纽工程项目都已得到成功的运用。在水电站施工过程中加大现场安全风险管理，提高施工人员的安全风险意识，运用科学合理的分析手段，加大水电项目工程建设中风险因素监控力度，采取有针对性的控制段，能够有效提高水电项目的投资效益，保证水利水电工程项目的顺利实施，提高我国的水利水电工程建设的设计与项目管理水平。

随着风险管理专题研究工作的不断深入进行，工程项目的安全风险意识也不断增强。在项目建设过程中，熟练运用风险识别技术，认真开展风险评估与分析，对存在的风险事件及时采取应对措施，减少或降低风险损失。科学、合理地利用现有的人力、物力和

财力，确保项目投资的正确性，树立工程项目决策的全局意识和总体经营理念，对保证国民经济长期、持续、稳定协调地发展，提高我国的项目风险管理水平和企业的整体效益具有重要的实际意义。

二、水利水电工程风险管理的特点

水利水电工程建设是按照水利水电工程设计内容和要求进行水利水电工程项目的建筑与安装工程。由于水利水电工程项目的复杂性、多样性，项目及其建设有其自身的特点及规律，风险产生的因素也是多种多样的，各种因素之间错综复杂，水电生产行业有不同于其他行业的特殊性，使得水电行业风险具有多样性和多层次性。与其他工程相比，水利水电工程具有以下显著特征：

第一，多样性。水利水电建设系统工程包括水工建筑物、水轮发电机组、水轮机组辅助系统、输变电及开关站、高低压线路、计算机监控及保护系统等多个单位工程。

第二，固定性。水利水电工程建设场址固定，不能移动，具有明显的固定性。

第三，独特性。与一般建设项目相比，水利水电工程项目体型庞大、结构复杂，而且建造时间、地点、地形、工程地质、水文地质条件、材料供应、技术工艺和项目目标各不相同，每个水电工程都具有独特的唯一性。

第四，水利水电工程主要承担发电、蓄水和泄洪任务，施工队伍需要具备国家认定的专业资质，并且按照国家规程规范标准进行施工作业。

第五，水利水电工程的地质条件相对复杂，必须由专业的勘察设计部门进行专门的设计研究。

第六，水利水电工程建设要根据水流条件及工程建设要求进行施工作业，对当地的水环境影响较大。

第七，水利水电工程建设基本是露天作业，易受外界环境因素影响。为了保证质量，在寒冬或酷暑季节须分别采取保暖或降温措施。同时，施工流域易受地表径流变化、气候因素、电网调度、电网运行及洪水、地震、台风、海啸等其他不可抗力因素的影响。

第八，水利水电工程建设道路交通不便，施工准备任务量大，交叉作业多，施工干扰较大，防洪度汛任务繁重。

第九，对环境的巨大影响。大容量水库、高水头电站的安全生产管理工作，直接关系到施工人员和下游人民群众的生命和财产安全。

水电生产的以上特点，决定了水电安全生产风险因素具有长期性、复杂性、瞬时性、不可逆转性、对环境影响的巨大性、因素多维性等特性。

三、水利水电工程风险因素划分

按照不同的划分原则，水利水电工程建设项目有不同的风险因素。这些风险因素并不是独立存在的，而是相互依赖，相辅相成的。不能简单地进行风险因素划分。

一般而言，水利水电工程项目有以下三种划分方式：

（一）水利水电工程发展阶段

第一，勘察设计招投标阶段风险：主要存在招标代理风险、招投标信息缺失风险、投标单位报价失误风险和其他风险等。

第二，施工阶段风险：主要是工程质量、施工进度、费用投资、安全管理风险等。

第三，运行阶段风险：主要是地质灾害、消防火灾、爆炸、水轮发电机设备故障、起重设备故障等风险。

（二）风险产生原因及性质

第一，自然风险：主要指由于洪水、暴雨、地震、飓风等自然因素带来的风险。

第二政治风险：主要指由于政局变化、政权更迭、罢工、战争等引发社会动荡而造成人身伤亡和财产损失的风险。

第三，经济风险：主要指由于国家和社会一些大的经济因素变化的风险以及经营管理不善、市场预测错误、价格上下浮动、供求关系变化、通货膨胀、汇率变动等因素所导致经济损失的风险。

第四，技术风险：主要指由于科学技术的发展而来的风险，如核辐射风险。

第五，信用风险：主要指合同一方由于业务能力、管理能力、财务能力等有缺陷或没有圆满履行合同而给另一方带来的风险。

第六，社会风险：主要指由于宗教信仰、社会治安、劳动者素质、习惯、社会风俗等带来的风险。

第七，组织风险：主要指由于项目有关各方关系不协调以及其他不确定性而引起的风险。

第八，行为风险：主要指由于个人或组织的过失、疏忽、侥幸、故意等不当行为造成的人员伤害、财产损失的风险。

（三）水利水电工程项目主体

第一，业主方的风险：在工程项目的实施过程中，存在很多不同的干扰因素，业主方承担了很多，如投资、经济、政治、自然和管理等方面的风险。

第二，承包商的风险：承包商的风险贯穿于工程项目建设投标阶段、项目实施阶段和项目竣工验收交付使用阶段。

第三，其他主体的风险：包括监理单位、设计单位、勘察单位等在项目实施过程中应该承担的风险。

第五节　水利水电工程建设项目风险管理措施

一、水利水电工程风险识别

在水利水电工程建设中实施风险识别是水电建设项目风险控制的基本环节，通过对水电工程存在的风险因素进行调查、研究和分析辨识后，查找出水利水电工程施工过程中存在的危险源，并找出减少或降低风险因素向风险事故转化的条件。

（一）水利水电工程风险识别方法

风险识别方法大致可分为定性分析、定量分析、定性与定量相结合的综合评估方法。定性风险分析是依据研究者的学识、经验教训及政策走向等非量化材料，对系统风险做出决断。定量风险分析是在定性分析的基础上，对造成危害的程度进行定量的描述，可信度增加。综合分析方法是把定性和定量两种方式相结合，通过对最深层面受到的危害的评估，对总的风险程度进行量化，能对风险程度进行动态评价。

1. 定性分析方法

定性风险分析方法有头脑风暴法、德尔菲法、故障树法、风险分析问询法、情景分析法。在水利水电项目风险管理过程中，主要采用以下几种方法：

第一，头脑风暴法：又叫畅谈法、集思法。通常采用会议的形式，引导参加会议的人员围绕一个中心议题，畅所欲言，激发灵感。一般由班组的施工人员共同对施工工序作业中存在的危险因素进行分析，提出处理方法。主要适用于重要工序，如焊接、施工爆破、起重吊装等。

第二，德尔菲法：通常采用试卷问题调查的形式，对本项目施工中存在的危险源进行分析、识别，提出规避风险的方法和要求。它具有隐蔽性，不易受他人或其他因素影响。

第三，LEC 法：根据 D=LEC 公式，依据 L——发生事故的概率、E——人员处于危险环境的频率、C——发生事故带来的破坏程度，赋予三个因素不同的权重，来对施工过程的风险因素进行评价的方法。

L 值：事故发生的概率，按照完全能够发生、有可能发生、偶然能够发生、发生的可能性小除了意外、很不可能但可以设想、极不可能、实际不可能共七种情况分类。

E 值：处于危险环境频率，按照接连不断、工作时间内暴露、每周一次或偶然、每月一次、每年几次、非常罕见共六种情况分类。

C 值：事故破坏程度，按照 10 人以上死亡、3~9 人死亡、1~2 人死亡、严重、重大伤残、引人注意共六种情况分类。

2. 定量分析方法

（1）风险分解结构法（RBS）

RBS（Risk Breakdown Structure）是指风险结构树。它将引发水利水电建设项目的风险因素分解成许多"风险单元"，这使得水电工程建设风险因素更加具体化，从而更便于风险的识别。

风险分解结构（RBS）分析是对风险因素按类别分解，对投资影响风险因素系统分层分析，并分解至基本风险因素，将其与工程项目分解之后的基本活动相对应，此确定风险因素对各基本活动的进度、安全、投资等方面影响。

（2）工作分解结构法（WBS）

WBS（Work Breakdown Structure）主要是通过对工程项目的逐层分解，将不同的项目类型分解成为适当的单元工作，形成 WBS 文档和树形图表等，明确工程项目在实施过程中每一个工作单元的任务、责任人、工程进度以及投资、质量等内容。

WBS 分解法的核心是合理科学地对水电工程工作进行分解，在分解过程中要贯穿施工项目全过程，同时又要适度划分，不能划分得过细或者过粗。划分原则基本上按照招投标文件规定的合同标段和水电工程施工规范要求进行。

3. 综合分析方法

（1）概率风险评估

是定性与定量相结合的方法，它以事件树和故障树为核心，将其运用到水电建设项目的安全风险分析中。主要是针对施工过程中的重大危险项目、重要工序等进行危险源分析，对发现的危险因素进行辨识，确定各风险源后果大小及发生风险的概率。

（2）模糊层次分析法

是将两种风险分析方法相互配合应用的新型综合评价方法。主要是将风险指标系统按递阶层次分解，运用层次分析法确定指标，按各层次指标进行模糊综合评价，然后得出总的综合评价结果。

（二）水利水电工程风险识别步骤

第一，对可能面临的危害进行推测和预报。

第二，对发现的风险因素进行识别、分析，对存在的问题逐一检查、落实，直至找到风险源头，将控制措施落实到实处。

第三，对重要风险因素的构成和影响危害进行分析，按照主要、次要风险因素进行排序。

第四，对存在的风险因素分别采取不同的控制措施、方法。

二、水利水电工程风险评估

在对水利水电建设工程的风险进行识别后，就要对水利水电工程存在的风险进行估计，要遵循风险评估理论的原则，结合工程特点，按照水电工程风险评估规定和步骤来分析。水电工程项目风险评估的步骤主要有以下四个方面。

第一，将识别出来的风险因素，转化为事件发生的概率和机会分布。

第二，对某一种单一的工程风险可能对水电工程造成的损失进行估计。

第三，从水利水电工程项目的某种风险的全局入手，预测项目各种风险因素可能造成的损失度和出现概率。

第四，对风险造成的损失的期望值与实际造成的损失值之间的偏差程度进行统计、汇总。

一般来说，水利水电工程项目的风险主要存在于施工过程当中。对于一个单位施工工程项目来说，主要风险是设计缺陷、工艺技术落后、原材料质量以及作业人员忽视安全造成的风险事件，而气候、恶劣天气等自然灾害造成的事故以及施工过程中对第三者造成伤害的机会都比较小，但一旦发生，会对工程施工造成严重后果。因此，对水利水电工程要采取特殊的风险评价方法进行分析、评价。

目前，水利水电工程建设项目的风险评价过程采用 A1D1HALL 三维结构图来表示，通过对 A1D1HALL 三维结构的每一个小的单元进行风险评估，判断水利水电系统存在的风险。

三、水利水电工程风险应对

水利水电工程建设项目风险管理的主要应对方案有回避、转移、自留三种方式。

（一）水利水电工程风险回避

主要是采取以下方式进行风险回避。

第一，所有的施工项目严格按照国家招投标法等有关规定，进行招投标工作；从中选择满足国家法律、法规和强制性标准要求的设计、监理和施工单位。

第二，严格按照国家关于建设工程等有关工程招投标规定，严禁对主体工程随意肢解分包、转包，防止将工程分包给没有资质资格的皮包公司。

第三，根据现场施工状况编制施工计划和方案。施工方案在符合设计要求的情况下，尽量回避地质复杂的作业区域。

（二）水利水电工程风险自留

水利水电建设方（业主）根据工程现场的实际情况，无法避开的风险因素由自身来承担。这种方式事前要进行周密的分析、规划，采取可靠的预控手段，尽可能将风险控制在可控范围内。

三、水利水电工程风险转移

水电工程项目中的风险转移，行之有效且经常采用的方式是质保金、保险等方式。在招投标时为规避合同流标而规定的投标保证金、履约保证金制度；在施工过程中，为了杜绝安全事故造成人员、设备损失而实行的建设工程施工一切险、安全工程施工一切险制度等都得到了迅速发展。

四、水利水电工程安全管理

在水利水电工程项目建设中推行项目风险管理，对减少工程安全事故的发生，降低危害程度具有深远的意义和重大影响。在工程建设施工过程中，如何将风险管理理论与工程建设实际相结合，使水利水电工程建设项目的风险管理措施落到实处，将工程事故的发生概率和损害程度降到最低，是当前水利水电工程项目管理的首要问题。根据我国多年的工程建设管理经验、教训告诉我们，在水利水电工程建设项目施

工过程中预防事故的发生，降低危害程度，最大限度地保障员工生命财产安全，必须建立安全生产管理的长效机制。

风险管理理论着眼于项目建设的全过程的管理，而安全生产管理工作着重于施工过程的管理，强调"人人为我，我为人人"的安全理念，在生产过程中实行安全动态管理，加强施工现场的安全隐患排查和治理。风险管理理论是安全生产管理的理论基础，安全生产管理是风险管理理论在工程建设施工过程的具体应用，因此更具有针对性和实践性。

第七章 水利工程施工环境安全管理

第一节 验收的程序与规定

竣工验收应在病险水库除险加固工程建设项目全部完成并满足一定运行条件后 1 年内进行。不能按期进行竣工验收的，经竣工验收主持单位同意，可适当延长期限，但最长不应超过 6 个月。一定运行条件指水库经过 6 个月（一个汛期）至 12 个月。

竣工验收应具备以下条件：工程已按批准设计全部完成。工程重大设计变更已经有审批权的单位批准。各单位工程能正常运行。历次验收所发现的问题已基本处理完毕。各专项验收已通过。工程投资已全部到位。竣工财务决算已通过竣工审计，审计意见中提出的问题已整改并提交了整改报告。运行管理单位已明确，管理养护经费已基本落实。质量和安全监督工作报告已提交，工程质量达到合格标准。竣工验收资料已准备就绪。

一、竣工验收的组织

竣工验收委员会可设主任委员 1 名，副主任委员以及委员若干名，主任委员应由验收主持单位代表担任。竣工验收委员会由竣工验收主持单位、有关地方人民政府和部门、有关水行政主管部门和流域管理机构、质量和安全监督机构、运行管理单位的代表以及有关专家组成。项目法人、勘测、设计、监理、施工和主要设备制造商等单位应派代表参加竣工验收，负责解答验收委员会提出的问题，并应作为被验收单位代表在验收鉴定书上签字。注：大型水库一般指自治区发改委、财政厅、审计厅，工程项目所在地的市政府和发改委、财政、审计；县（市、区）政府和发改委、财政、审计、国土等部门。中型水库一般指自治区发改委、财政厅，工程项目所在地的市政府和发改委、财政；县（市、区）政府和发改委、财政、审计、国土等部门。小型水库由各市水利局定。

二、竣工验收的申请

当除险加固工程具备竣工验收条件后，项目法人应向竣工验收主持单位提交申请报告，同时报送相关材料一套。竣工验收申请报告内容包括：工程基本情况，竣工验收具备条件的检查结果，尾工情况及安排意见，验收准备工作情况，建议验收时间、地点和参加单位。申请报告还应包括如下材料：竣工验收自查工作报告，工程建设管理工作报告，拟验工程清单、未完工程清单、未完工程的建设安排及完成时间、工程质量监督报告、竣工审计报告、验收鉴定书。

三、竣工验收（竣工技术预验收）的主要内容

检查工程是否按批准的设计完成；检查工程是否存在质量隐患和影响工程安全运行的问题；检查历次验收、专项验收的遗留问题和工程初期运行中所发现问题的处理情况；对工程针对技术问题做出评价；检查工程尾工安排情况；鉴定工程施工质量。检查工程投资、财务情况；检查工程档案管理情况；对验收中发现的问题提出处理意见。

四、竣工验收会议的工作程序

现场检查工程建设情况及查阅有关资料。召开大会：宣布验收委员会组成人员名单和质量、建设管理、档案财务等专业组工作人员名单；观看工程建设声像资料；听取项目法人、设计、施工、监理、运行管理等单位的工作报告；听取竣工技术预验收工作报告；听取工程质量和安全监督报告；讨论并通过竣工验收鉴定书；验收委员会委员和被验收单位代表在竣工验收鉴定书上签字。

五、竣工验收鉴定书

竣工验收鉴定书是竣工验收的成果文件，自鉴定书通过之日起 30 个工作日内，由竣工验收主持单位发送各参验单位，其中小型水库的验收鉴定书还应同时报送水利厅基建局。

大型水库以及工程技术较复杂或工程投资超过 5000 万元的中型水库应进行竣工技术预验收，其余水库可不进行竣工技术预验收。验收的组织。竣工技术预验收应由竣工验收主持单位组织的专家组负责。技术预验收专家组成员应具有高级技术职称或相应执业资格，成员的 2/3 以上应来自工程非参建单位。专家组可下设专业工作组，并在各专业工作组检查意见的基础上形成竣工技术预验收工作报告。工程参建单位的代表应参加技术预验收，负责回答专家组提出的问题。

第二节　工程环境保护验收工作开展情况

建设项目竣工环境保护验收是项目管理的重要部分,是环境保护的重要手段和措施,是检查、论证建设项目是否履行"三同时"制度的最后一关,其作用至关重要。但在验收监测实践中仍存在验收项目环境管理不到位、验收监测的定位模糊、建设单位思想上不重视、验收监测规范有待完善等问题。本文分析了建设项目竣工环境保护验收监测中存在的问题及原因,提出建立完善验收监测制度与程序、加强质量控制管理等解决办法及建议。

环境保护与可持续发展是确保人与自然的和谐,是经济能够进一步得到发展的前提,也是人类文明得以延续的保证,所以工程建设项目中环境保护竣工验收显得尤为重要。目前建设工程项目竣工环境保护验收工作在国家大部分省、市层面上基本形成正常的工作程序,验收监测逐步走上标准化、规范化的轨道。但是在遵照建设项目竣工环境保护验收管理办法实施具体工作的同时,实际工作中还存在一些常见、容易忽视的问题需要学习和掌握。另外,由于验收监测与建设工程项目环保验收工作直接相关,同时也关系到建设单位的利益,因此,管理部门把握验收政策尺度、建设单位对监测工作的配合、监测技术和监测管理水平等因素会对验收监测产生影响。其中,政策把握、建设单位配合属于影响验收监测的两个外部因素,监测技术和监测管理水平是影响监测工作的难点。现在就建设工程项目监测工作遇到的常见问题和难点进行探讨,并提出建议。

水利工程环境保护专项验收,主要涉及工程施工阶段、工程试运行期间以及项目竣工环境保护验收三个阶段的工作。能够清楚并严格按规范和批复文件完成各阶段的工作内容,是能够顺利通过环境保护专项验收的重要保障。

一、施工阶段的环境保护工作

组建环境保护执行机构。环境保护执行机构应能独立开展工作并有专人负责工程建设及运行管理的环境保护管理及监督工作。其机构的职能:在工程建设期,督促、检查和落实合同有关环境保护条款,加强对施工现场管理,避免由于施工造成水土流失,采取合理措施保护环境,实现环保建设目标,同时监督检查"三同时"制度执行情况及参与环保设施的竣工验收等。委托监理单位进行环境监理,根据环评报告书中施工期环境监理计划,委托有相应资质的监理单位作为环境监理。加强施工现场管理。

在工程施工过程中,施工单位要尽量选用低噪声的施工机械,以减少施工期间机械噪声对周围居民生活的影响。为加强对现场施工人员的噪声防护工作,在噪声较高的现场工作人员，均要佩戴防声头盔或防声耳罩。施工单位应安排洒水车经常对施工道路进行洒水处理，最大限度地减少车辆行驶产生扬尘，尽量避免施工车辆扬尘对周围环境的污染。

施工期的生活固体废弃物要定点堆放，在施工现场尽量避免产生油污及含油废水，对固体废物、废水要定期清运至环卫部门规定的垃圾处理厂进行卫生填埋处理。

工程建设时，将地表耕层土与深层土分别堆放，施工后期回填时将表层土覆盖在上层，使耕地尽快恢复到原来水平。委托文物考古研究单位对工程沿线进行实地踏查，并要与当地文物管理部门进行核实，涉及古代文化遗址的地段要采取保护措施，避免因工程建设对历史文物的破坏。要委托有相应验收监测（调查）资质的监测单位，对环评报告书中提到的施工期环境监测内容进行监测。

二、工程试运行期间的环境保护工作

工程完工后，可在管理区范围内进行绿化，实现自然环境的恢复，以达到美化环境、保水固土的目的。在生活区范围内的路面要进行硬化，对生活废水、垃圾，要定期集中清运至环卫部门规定的垃圾处理厂进行卫生填埋处理，避免产生二次污染。

三、工程竣工环境保护验收的工作内容

加强建设项目环境保护文件材料的搜集整理工作。环境保护文件材料，是工程建设项目档案的重要组成部分，参建单位应重视日常的搜集整理工作，在归档过程中要单独组卷，并与工程竣工档案资料同时归档。

提出建设项目竣工环境保护验收申请。建设单位须在自试生产之日起 3 个月内，以红头文件形式向环境保护行政主管部门申请建设项目竣工环境保护验收，环境保护行政主管部门将委托下一级环境保护行政主管部门（通常是环境工程评估单位）对建设项目环境保护设施及其他环境保护措施的落实情况进行现场检查，并做出审查决定。

项目竣工环境保护验收的调查工作。建设单位需就工程竣工环境保护验收调查影响评价向环境工程评估单位进行技术咨询，并委托其编制完成项目竣工环境保护验收调查报告。

技术咨询合同签订后，建设单位须向环境工程评估单位提供项目的环境影响报告书及批复文件、可行性研究报告及批复文件、水土保持方案及批复文件、水资源论证报告书及批复文件、初步设计报告及批复文件、工程地理位置图、工程竣工资料、政府部门关于项目临时使用土地的通知文件及占地补偿协议、林业部门关于项目临时占用林地的批复文件及占地补偿协议、环保设施发票等基础资料。

环境工程评估单位的主要工作方法是现场调查，建设单位需根据环境工程评估单位提出的调查线路、场所为其提供便利的工作条件，并积极配合，以便顺利完成调查工作。

向环境工程评估单位提供《建设项目环境保护执行情况报告》和《环境保护验收监测（调查）报告》，作为项目竣工环境保护验收调查报告内容的一部分。填写《建设项目竣工环境保护验收申请表》环境工程评估单位编制完成项目竣工环境保护验收调查报告后，建设单位填写《建设项目竣工环境保护验收申请表》，并上报到环境保护行政主管部门。配合验收组完成建设项目竣工环境保护验收会议。建设单位应为验收组提供项目竣工环境保护验收会议场所，提供环境保护档案资料，在有查看现场要求时，积极按验收组要求的线路组织现场查看，对验收组提出的意见或建议，要有措施与对策。水利工程环境保护专项验收严格执行环保"三同时"制度，只有在工程建设过程中做好环境保护工作，监测单位的监测结果才能合格继而才能出具合格的环境监测报告，环境工程评估单位的调查数据也才能符合环评批复文件的要求，方能出具优质的环境保护调查报告，从而顺利通过建设项目竣工环境保护验收。

第三节　运行中的环境保护管理工作

众所周知，水能源是相对来说比较廉价且可持续利用的能源，水能源的各种利用也为人们生活带来了很大益处，人们虽然通过水利工程获得了巨大的经济利益和社会效益，但同时也严重破坏了我们赖以生存的生态环境，最终真正受伤害的还是我们自己。所以我们必须要采取相应的措施，降低水利工程建设对环境的破坏程度，大力保护生态环境，保证人与自然的可持续发展。

新中国成立以来，经过几代人的努力，已经形成了比较全面、系统的水利工程体系，这为我国的经济社会全面发展奠定了重要的物质基础。但在一些水利工程的建设过程中，忽视了对环境的保护，缺少必要的环保措施，进而造成环境破坏，产生了负面影响。比如，在一些水利工程建设过程中过度开采地下水资源，导致附近地面沉降及建筑物裂缝；有的水利工程产生并排放大量的污水，严重污染水质；还有的工程严重破坏地表植被，造成严重的水土流失，致使土地沙化，河床淤积，降低河道的行洪能力，威胁人民的生命财产安全。这些问题的产生都是由于在建设水利工程时，忽视了工程对环境的影响，缺少采取对环境保护的措施，因此，我们迫切需要加强水利工程的环境保护管理工作。

水利工程的环境保护管理现状：水利工程建设对环境的影响，水利工程建设过程中会出现许多的环境问题，如工程建设的时候，随意排放工程废水以及生活污水，严重污染了下游水质；进行采挖施工时，缺乏科学性，使水土过度流失、堵塞河道，降低航道通航能力；在施工过程中乱堆放废石、废渣，乱建临时建筑，不按规定占用土地资源等。

由此看出，水利工程建设和环境有着密不可分的联系。另外，水利工程中兴建的大坝是人工控制系统，从某种意义上讲，也会造成生态环境的破坏，并且会产生众多的次生灾害问题。

一、影响陆地生态环境

水利工程对陆地生态环境的影响，在水利工程建设过程中以及水利工程的运行过程中都有体现。人们在施工时，首先会大量地破坏地表的植被，影响地表生态；排放到水域中的生产污水，直接导致水域的生态破坏；工程在水下作业时，会导致水里的动物被动迁徙和水下植物被破坏，使周围的生物种群结构发生改变，破坏了该系统的生物链结构，严重影响了局部水域生态平衡。

二、影响天然水域生态环境

在天然水域进行的水利工程建设，不仅破坏了水域中长期演化的生态环境，而且会改变水域的生态多样性。在进行水下采挖作业时，人为强制性地改变了局部水域的水深以及含沙量，会导致周边水域的水文状况发生变化，进而影响到周边的水质、地质以及局部气候。

水利工程建设中的环境问题：过去传统的水利工程建设，人们过于重视追求局部短期的防洪效能和经济效益，忽略了工程对整个流域长期的生态影响；只重视自身的生产、生活用水而忽视生态用水，造成河流、湖泊及湿地萎缩，造成土地荒漠化；过于注重对水资源的人工调控，而忽略了水的自然生态性；片面追求工程的防洪作用，而忽略了洪水的资源性，从而降低了水利工程的调节作用。

施工过程中环境保护的工作要点如下。

（1）防止施工中对施工区以外植被的破坏。

（2）加强施工利用料、弃渣、废渣、废料的储存、管理和完工后渣场的植被恢复。

（3）加强生活垃圾的管理、掩埋和场地恢复。

（4）防止地表水土流失和下游河床淤积。

（5）加强对砂石混凝土系统的废水处理、灌浆作业的废水处理、混凝土浇筑养护的废水、生活污水等的排放管理。

（6）注意蓄水时库区的植被、生物、建筑物的破坏，下游断流对水生物、动物和人群的影响，蓄水后对水质的影响。

（7）减少土石方施工中的钻孔、爆破、运输产生的施工粉尘。

（8）降低水工洞室施工中燃油动力设备的废气危害。

（9）评估油料的储存、运输、分配过程中对环境产生的影响，指导承建单位做好各种废油的处理。

（10）洞室施工中的通风和废气、粉尘的危害防范。

（11）按合同技术规范规定做好邻近工作区和生活区范围的土石方施工中的钻孔、爆破、运输，砂石混凝土系统产生，灌浆工程的施工产生的噪声的控制。

（12）避免原有的滑坡体恶化，避免由于施工产生新的滑坡体，避免土石料的不当堆积产生泥石流。

（13）督促承建单位做好施工区人群传染病的防治。

从水利工程施工过程出发做好水土保持工作。根据水利工程中引发水土流失的情况主要分为线型和点型，我们考虑水土保持的工作应该充分考虑到当地的情况，针对不同的地理环境条件使用不同的防治方案。根据当地的具体情况建设水利工程中的弃渣场、回填区以及开挖区，力争将对当地水土生态环境的危害降到最小。要想解决水土流失的问题，必须做好水土保持的工作。有效的水土保持能够在很大程度上提高土壤的保水能力。举例来说，梯田等水土保持手段的使用，不仅可以增加当地土壤的保水能力，还能调节土壤的防洪、抗洪能力，增加水利工程的使用年限。除此之外，水土保持工作还能降低滑坡、泥石流等自然灾害的爆发频率，保护人民的生命财产安全，降低自然灾害对人民生活的影响。有效的水土保持工作，还能提高当地对水资源的利用效率，既能防范自然灾害又能使土地增产，提高土壤的产出率。因此，水土保持工作是关系到我国土壤生态和经济能力可持续发展的重要工作，具有十分重要的战略意义。

第四节　工程问题的投诉与处理

我国社会主义市场经济的飞速发展，对水利工程项目的发展也起到了促进作用。但是施工中存在的问题却在影响着水利工程的质量，并且对其持续发展产生了一定影响。这就需要工程管理人员及时认清水利工程施工中存在的问题，并制订合理的解决方案，在保证水利工程质量的同时，提高其使用价值。本节将水利工程施工中存在的问题与相应解决方法进行简要阐述。

目前，我国水利工程发展速度较快，涉及的领域也比较多，如工业、水利水电以及环保等领域，因此常常会出现一些影响工程质量的施工问题。为了能够保证水利工程的质量，有效地发挥工程的作用，就需要在实践中不断地总结施工中出现的问题，制定科学合理的解决方法，提高施工人员整体素质，对水利工程质量进行全面控制。

一、水利工程建设领域突出问题及表现形式

结合多年水利工作经验,对水利工程建设领域存在的突出问题进行了归纳分析,主要体现在以下六个方面:

一是少数水利工程项目在建设过程中存在资质挂靠、围标串标、转包和违法分包等现象。

二是少数水利工程项目施工中存在偷工减料或以次充好现象。个别监理人员不认真履行监督责任,造成工程质量不达标等现象。

三是个别中标单位想方设法通过变更设计,增加工程量以获取更多的工程款的现象。

四是个别地方配套资金到位率偏低,致使很多水利项目不能进行竣工决算,从而影响水利资产的入账登记。

五是存在工程建设信息公开程度不够,市场准入和退出机制不健全,互联互通的工程建设领域诚信体系还未真正形成等问题。

六是少数水利项目存在审计监督滞后,案件查处未形成合力等问题。

二、水利工程建设领域突出问题产生的原因

当前,水利工程建设领域存在的突出问题,是妨碍科学发展、影响党风政风、人民群众反映强烈的突出问题之一,也是制约水利事业健康发展的关键问题。分析其原因,主要有以下六个方面:

一是法律、法规意识淡薄。少数人员对水利工程建设领域突出问题的危害性认识不到位,存在重项目轻监管、重查处轻预防、重建设轻程序等方面的问题。

二是水利专业技术人才缺乏。近几年水利工程建设项目猛然增多,而水利部门人员编制受机构设置等限制,技术力量已远不适应水利事业飞速发展的要求。

三是企业追求利润最大化。企业以营利为目的,通过一些不正当手段拉拢业主代表、监理人员,在工程建设质量上大做文章。

四是审计监督较滞后。水利工程建设项目的审计基本上都是属于事后监督,没有健全完善的内部审计体系。

五是监督检查不够深入。监督检查不够系统全面,且大多停留在听取汇报、表面上检查这一层面,没有真正形成上下监督合力。

六是惩戒不力,处罚不严。例如,根据我国《反不正当竞争法》,对实施商业贿赂、串通招投标的行政处罚是1万元以上20万元以下的罚款,而水利工程领域的合同金额动辄数千万元,显然行政处罚过轻。

三、如何破解新形势下水利工程建设领域突出问题，应着力从以下几个方面努力

第一，加强思想道德教育，创新预防体制机制，强化对关键岗位人员的廉政风险教育，重点培育这些人员的"献身、负责、求实"的水利行业精神，深入开展法规教育和警示教育。

第二，规范水利工程建设项目决策行为。

（1）加强水利规划管理。完善规划论证制度，提高规划专家咨询与公众参与度，强化规划的科学性、民主性。

（2）严格水利项目审批。根据有关法律、法规和政策规定，认真执行水利建设项目审查、审批、核准、备案管理程序，积极推行网上审批和网上监察。

（3）加强设计变更和概算调整管理。严格执行设计变更手续，重大设计变更须报原审批单位审批。对未经审批的超概算、超计划的项目不下达预算，不支付资金。

（4）督促地方落实配套资金。督促检查地方落实水利建设项目配套资金，各地应明确地方配套投资责任主体，合理分摊配套投资比例。

第三，规范水利工程建设招标投标活动。

（1）是规范招标投标行为。根据《中华人民共和国招标投标法》《水利工程建设项目招标投标管理规定》《工程建设项目招标范围和规模标准规定》等有关规定，严格履行招标、投标程序，严格核准招标范围、招标方式和招标组织形式，确保依法、公开招标。

（2）是规范评标工作。大力推行网上电子招标投标。进一步加强评标专家管理，建立培训、考核、评价制度，规范评标专家行为，健全评标专家退出机制。

（3）是健全招标投标监督机制和举报投诉处理机制。认真执行《水利工程建设项目招标投标行政监督暂行规定》等文件，建立健全科学、高效的监督机制和监控体系，对招标投标活动进行全过程监督。

第四，加强工程建设实体质量管理。

（1）强化施工过程中的现场检查。检查组每次检查的重点小二型水库数量不低于总数量的50%，一般小二型检查数量不低于总数量的10%。对重点小(2)型水库的现场检查频率达到每座水库 2 次以上，对一般小(2)型水库现场检查频率达 30% 以上。

（2）强化隐蔽工程质量检测。购买新型地质雷达设备，对新建隧洞砼衬砌等关键部位，采用地质雷达扫描等手段对施工质量进行检测，严把隐蔽工程质量关。

第五，加强水利工程建设实施和质量安全管理。

（1）严把水利建设市场准入关。严格水利工程建设市场主体准入条件，做好水利建设市场单位的资质管理和水利工程建设从业人员的资格管理工作。

（2）加强建设监理管理。按照《水利工程建设监理规定》等有关制度开展监理工作，积极培育水利工程监理市场，加强监理人员知识更新培训，提高监理人员业务素质和实际能力。

（3）加强合同管理。严格执行《中华人民共和国合同法》，督促项目主管部门、项目法人等提高依法履约意识，提高合同履行水平，逐步建立水利工程防止拖欠工程款和农民工工资长效机制。

（4）强化验收管理。验收工作要严格按照《水利工程建设项目验收管理规定》《水利水电建设工程验收规程》等有关规定和技术标准进行。

（5）加强质量管理。健全项目法人负责、监理单位控制、施工单位保证和政府质量监督相结合的质量管理体制，严格质量标准和操作规程，落实质量终身负责制。

（6）加强安全生产管理。严格执行《建设工程安全生产管理条例》和《水利工程建设安全生产管理规定》，建立安全生产综合监管与专业监管相结合的管理体系，落实水利工程建设安全生产责任制，完善水利工程建设项目安全设施"三同时"工作。

（7）加强基建项目财务管理。督促项目法人加强账务管理，严格资金使用和拨付程序，严禁大额现金支付工程款，规范物资采购、对纳入政府采购范围的物资、设备要依法进行政府采购。

第六，推进水利工程建设项目信息公开和诚信体系建设。

（1）公开项目建设信息。认真贯彻政府信息公开条例，及时发布水利工程建设项目招标信息，公开项目招标过程、施工管理、合同履约、质量检查、安全检查和竣工验收等相关建设信息。

（2）拓宽信息公开渠道。利用政府门户网站和各种媒体，完善水利工程建设项目信息平台，逐步实现水利行业信息共建共享。

（3）加快信用体系建设。完善水利建设市场主体不良行为记录公告制度和水利建设市场主体信用信息管理办法，逐步建立守信激励、失信惩戒制度。

第七，加强水利工程建设审计、监察工作，加大案件查办力度。

（1）强化水利工程建设审计工作。抓住重点，主动跟进，客观评价水利工程建设项目绩效，及时核查项目建设管理中存在的问题，做到边审计、边整改、边规范、边提高，确保水利工程项目建设顺利进行。

（2）强化水利工程建设监察工作。开展水利工程建设专项执法监察和效能监察，加大对水利建设领域重点项目、重点环节和重点岗位的监督检查力度。

（3）加大案件查办力度。拓宽案源渠道，公布专项治理电话和网站，认真受理群众举报和投诉，集中查处和通报一批水利工程建设领域典型案件。

四、水利工程施工存在的几点问题

施工前期准备工作存在的问题。水利工程施工之前，需要对工程进行设计与评估，它不仅可以为项目实际施工提供相关依据，还可以避免盲目施工带来的恶果。不过目前一些水利工程项目施工前，工程设计与评估工作存在漏洞，相关单位没有对其足够重视，没有严格地依照国家相关法律与水利部门的技术标准进行工程设计与评估。尤其是一些规模较小的水利项目，工程设计只是保留着最简单的资料，现场勘查与地质勘查等程序都没有得以落实，进而制作的项目设计、可行性研究报告等缺乏科学性与严谨性。

施工过程中存在的问题。就目前来看，水利工程的转包现象尤为严重，一个水利项目往往会经过层层转包，而为了取得更高的经济效益，一些工程承包单位会偷工减料，伪造相关施工资料，这样会严重影响工程质量。有些施工单位不重视施工原材料的选择与管理，一些劣质材料甚至是过期材料被用到实际施工中来，这样的工程即使竣工验收时蒙混过关，实际使用时质量问题也会暴露无遗。同时施工人员素质参差不齐，施工技术落后，技术人员水平不够，现场管理与施工体制不完善等，都会影响水利工程的质量。水利工程监理工作对保证工程质量起着关键性作用，一是对工程施工情况进行监理，二是对施工人员配置进行监理。监理工作并不是简单地监督工人施工，对操作发生错误的工人进行严厉批评，这是错误的监理服务意识。真正的监理工作是要协助施工人员更好地完成施工任务，对施工人员起到鼓励与促进的作用。而且许多监理人员都过多重视工期问题，而忽视了质量。这就无法充分地调动施工人员的工作热情，也就无法在规定工期内完成任务，而且完成的工程质量也不高。

五、水利工程施工问题的解决方法

完善施工前期准备工作。水利工程施工之前，要聘请技术过硬的工程设计人员，先要对工程施工场地进行现场勘查，分析地质条件与环境问题，确保工程建立之后不会对当地环境产生恶劣影响，之后进行科学严谨的工程设计，在满足工程相关功能要求的同时，提高工程的可实施性。之后到专业的评估机构对工程设计进行评估与造价管理，确保工程设计的质量，并且对施工造价有一个整体认知。

做好施工中的质量管理。针对水利工程施工过程中，施工企业对质量管理目标认识的偏差、施工质量管理体系及管理方法存在的不足，现代水利工程建设施工企业应注重施工过程的质量管理。综合水利工程施工行业质量管理体系建立的方法及重点结合水利工程实际情况建立健全的施工质量管理体系，并根据水利工程设计资料文件中对质量管理的要求，建立施工质量控制点数据库。在具体的施工过程中严格按照施工质量控制点数据库的要求，进行质量控制与管理，避免施工质量问题的发生。在施工过程中，施工企业还应加强与监理方、设计方的沟通协调及时了解工程变更情况。以协调各方工作为基础，实现全面质量监督与检查目标。在施工过程中的质量控制与管理时，施工企业还应针对竣工资料对质量、技术文件的需求加强施工过程中相关资料的管理。针对验收工作中竣工资料、质检报告的要求加强文件管理。

完善施工安全生产制度是为了提高水利工程的施工安全。施工企业要建立关于施工安全生产制度的公告栏，便于施工人员熟悉并掌握制度；要公开施工单位的违章行为，并对其进行相应的行政处罚等，通过这些措施以保证施工行为的规范性和安全性，在实际的施工过程中，不断地加强和完善施工安全生产制度。

第五节　水利工程管理的对策

近几年来水利工程管理中频繁出现一些问题，严重干扰了水利工程的持续运作，降低了工程的整体效益，本节对当前水利工程管理中存在的若干问题进行了浅谈，并提出几点对策。

一、水利工程建设管理概述

水利建设项目大部分为非营利的公益性项目，一般投资主体是国家。在计划经济时代，水利建设项目的实施由项目单位临时组建"指挥部"等非法人机构负责，这种管理模式曾发挥了很大作用，在很大程度上推动了水利工程建设，但是由于没有一个相应的机构代表政府来对整个建设项目实行监督与管理，致使整个工程建设"重建设，轻管理"，当资金、质量、工期等出现问题时，不便于明确和追究主体责任。20 世纪 90 年代，建设管理体制开始了明晰产权改革，实行政企分离的体制，许多建设单位改制成为独立法人，从而形成了项目法人责任制的建设管理模式。项目法人责任制具体表现为"建管结合、贷还结合"，它确立了业主在整个投资过程中的核心地位，以业主负责制、招标承包制和建设监理制三项制度为标准制度。我国的"三项制度"从 20 世纪 80 年代之后在我国的整个建筑市场就开始试点，不断推广，水利建设市场也在积极探索。特别是"98"大水之后，水利工程建设项目投入的大幅度提高，我们由过去水利工程以岁修为主改变为以大规模的基本建设为主，使得以"三项制度"为核心的水利建设管理体制在水利建设工程中得到了全面推行，为保证大规模水利建设的顺利实施发挥了重要的作用。

二、水利工程建设管理中存在的问题及原因

我国水利工程项目目前实施的是项目法人责任制度，在我国水利工程良好发展的同时，我们还应该看到水利工作中普遍存在的问题：责权不明、项目立项缺少科学性和规范性、工程质量差、经济效益不佳、群众不满意等。

1. 项目法人权责不到位

项目法人责任制是"三项制度"的核心问题，但是部分建设项目法人组建不规范，甚至根本未组建项目法人，造成项目工程建设只抓工期，不顾质量，资金不能按时到位，行政干预严重等现象。同时，在水利工程建设管理中，个别工程项目"同体"现象较为严重，主要表现在质量监督机构、项目法人、设计单位、施工单位等相互隶属同一行政主管部门管理，造成工程项目建设、质量监督以及行政管理等方面相应的责权落实不到位。

2. 监理部门的职权得不到全面保障

监理作为一个市场条件下运作的部门，尤其是当被边缘化到一般的中介服务机构以后，用一个中介机构去规范作为政府代表的建设单位的行为，使得建设单位能够合理合法地以合同的形式将全部或大部分责任转嫁到监理部门，造成监理部门不得不受命于建设单位，最终在工程建设中不能充分发挥出监理部门的作用。

3. 招投标管理仍然不够规范

当前的许多项目工程在招、投标过程中，或多或少地委托没有资质或低资质的单位代理招、投标，从而使低资质或无资质的设计、施工、监理队伍参与工程建设，造成招投标工作违规操作，虚假招标或直接发包，出现部分工程转包和违法分包的现象。

4. 工程立项缺乏科学性与规范性

水利工程立项是一项综合性的学科，涉及自然、社会、经济、政治等方方面面，其目标是在技术可行、经济合理的条件下，通过实施水利工程项目，创造出最好的经济、社会和生态效益。水利工程项目立项一般要求有比较全面、科学的可行性研究报告和经济技术比较方案，但在一些地区和单位，在项目前期没有做必要的调研论证，没有搞清当地水资源、生产、人文、经济水平、群众意愿等情况，就立即上马，结果工程运行效益差，引起群众不满意和反对；也有立项受到行政指令干扰的现象，为搞所谓的"形象工程""政绩工程"，使得工程设计、施工及运行管理脱离实际、脱离群众，造成资金和资源的巨大浪费。

5. 质量监督缺乏力度

相关的法律、法规不健全、不完善，执法不力、质量监督可操作性不强；质量检测

环节工作薄弱，质量评定缺乏权威性；部分地市质量监督机构还没有完全独立建制，质量监督管理职能责任不明。

6. 工程资金到位率低

水利工程作为一项基础性工程，事关一个国家经济发展大局，必须管好、用好水利建设资金。但有的地方存在地方配套、自筹资金不落实，下拨资金层层剥皮，一定程度上影响了工程建设的进度和质量，同时也削弱了广大群众参与水利基本建设的积极性。

7. 当前我国的水利工程管理中

造价管理没有形成完善的、系统的全过程造价管理体系，"二分式"管理模式受长期计划经济时期管理模式的影响。工程造价管理涉及建设、设计、施工、咨询、政府部门等多方建设主体影响，这决定了造价管理工作的复杂性，同时给全过程管理带来很大的难度。实际工作中，建设工程造价管理一般通过几个单位来完成，实行"分单位、分阶段"的"二分式"管理方式。在水利工程造价中，多种计价方式并存，工程计价方法不够科学，我国都是采用通过预算确定工程造价，也就是按定额计算直接费，按取费标准计算间接费、利润、税金，再依据有关文件规定进行调整、补充，最后得到工程造价，而且至今仍采取这种程序和方法。

8. 目前在我国工程建设领域存在这种情况

老牌建筑施工企业在竞争力上无法战胜新兴建筑施工企业。归结其原因可以发现，这些在我国存在时间较长的老牌建筑施工企业，往往历史都比较悠久，业绩比较丰富，同时员工人数也比较庞大，施工所用的设备以及配套设施也不可谓不完备。但相对于新兴建筑施工企业在管理方式和制度的更新上都比较慢。施工管理是构成施工企业核心竞争力的重要组成部分，新兴建筑施工企业由于起步较晚，刚诞生时便深受先进施工管理方式和制度的影响，因此，对于新制度和新方式的接受能力较强，而反观老牌建筑施工企业，由于受到传统管理思维的束缚和建筑施工市场利益竞争的影响，使得新制度和新方式无法在企业内推广，以至于在市场占有率和施工管理效率等方面被后来者超越。在建筑施工的市场中，当前也存在着严重的恶性竞争与同质化竞争。近几年我国国民经济发展迅速，工业、农业生产以及居民生活用电对能源发展提出了更高的要求。在强大的市场需求推动下，我国水利水电工程建设走上了快速发展的道路。作为低端产业市场，建筑施工市场快速发展势必催生大量的建筑施工企业诞生，市场竞争门槛也随着业内竞争企业数量的增加而不断降低，那么，当一项水利水电工程项目招标时，竞标企业数量势必会很多，从而造成"僧多粥少"的局面。施工企业为了获得工程的承包权，尤其是一些对资质等级和业绩要求不高的低端市场，极有可能会发生采用各种手段抢占市场的现象，从而形成国内施工企业间的恶性竞争，有碍于行业的良性发展。

9. 我国水利工程数量逐年增加

在工程质量的管控水平上也有待提高，当前水利工程质量的管理中，首先是工程中的设计深度有待提高。目前的工程设计从业人员缺乏创新意识，有时采用参照相似的已建、在建工程开展设计，造成新建工程结构布局不够合理，设计深度不够，方案比较不充分。甚至由于时间紧迫，在前期工作准备尚不充分的情况下，工程仓促上马，加之设计人员不熟悉现场，缺乏实践经验，造成设计质量不高。项目法人的行为缺乏规范。主要体现在：部分投标项目因招标门槛降低后，低端队伍涌入扰乱了招投标秩序，低端队伍通过恶性竞争争取到了市场份额，导致低资质甚至无资质的队伍参与工程建设；行政干预，违反建设程序，任意压缩合理工期，影响工程质量；资金落实不到位；质量意识薄弱，管理松懈，项目法人责任制落实不够。同时，在施工质量的管理中，还存在着诸多因素的影响，如环境、材料质量、施工机械以及设备对工程建设质量都会造成一定的影响。

三、水利工程建设管理的对策及建议

管理是水利工程整体工作的有机组成部分，能够使水利工程兴利除害的功能得到充分发挥。水利工程的投资、进度、施工以及质量都是管理的重要环节，水利工程建设管理，一方面与工程建设项目的顺利进行有一定的关系；另一方面还会对人民群众的切身利益和生命财产造成一定的影响。同时，国民经济的稳定发展与进步也离不开先进科学的水利工程建设管理模式。

1. 严格落实项目法人责任制

切实加强对项目法人基本条件的要求和管理，建立对项目法人建设行为的考核管理制度，规范和约束项目法人的建设行为。一是要认真贯彻执行水利部《水利工程建设项目实行项目法人责任制的若干意见》，针对目前水利建设多元化、多层次的投资体制，按照项目类别组建项目法人。二是要严格项目法人的资质审查，在建设项目的项目建议书阶段就应明确项目法人，没有按规定要求组建项目法人的不进行项目的各项审批工作。

2. 建立健全科学严密的标底

形成机制和评标的标准、方法和工作程序，推行合理低价中标，防止恶意低价中标行为，遏制转包和违法分包现象，加强对招标代理机构和评标专家的管理。

3. 不断提高监理人员素质，积极推进监理改革

定期组织监理人员开展业务知识培训、考核，实行挂牌上岗，严格对工程质量、工期、投资进行有效控制，切实提高施工单位的技术和管理水平；积极推进水利工程建设

监理单位体制改革，增加监理企业活力，积极引导水利工程建设监理单位向开展综合性工程咨询服务业务方向发展。

4. 切实加强工程质量管理

首先，要充分发挥质量监督机构的职权，加强质量监督有关法律、法规、规范和标准的业务培训，建立敬业、专业、高效的质量监督队伍，不断完善质量监督体制。其次，要严格检验进场材料、产品、设备，防止不合格产品进入施工现场。工程建设时要对设备、材料进行检测、评定，优先选用质量达标、价格优惠的正规厂家产品，对大型设备、大量材料应由政府统一采购，坚决制止施工材料以次充好，坚决禁止材料采购中的腐败行为。另外，工程施工中，要坚持以合同管理为主线，建立多级联控的质量保障体系，明确严格的施工技术规范、质量标准、承包商、监理员必须严格按合同规定的技术要求和相关标准进行施工、验收。监理人员要全天候式检查验收承包商的所有施工活动和工艺过程，每项工序、工程完成后应先由承包商进行自检，自检合格后由监理人员验收签认，未经验收或验收不合格，不得进入下一道工序，不得拨付工程进度款，不得竣工验收。

5. 多方筹资，确保项目资金安全到位

虽然水利项目资金的筹措大部分有法律依据，但有一些地方政府配套出台集资办法缺乏法规依据，这导致资金到位不稳定。因此，我们应该积极立法，以法律为依据，出台筹资政策，依法筹集水利资金。目前来看，我国资本市场发展日趋成熟，为筹集水利资金提供了全新渠道。对那些投资大、周期长、收益高的水利建设项目，可以通过成立股份公司，建立现代企业制度，筹集大量水利资金，这样做不仅可以缓解企业对资金的饥渴，还引进了市场竞争机制，有利于培育现代市场经济。另外，我们还可以在运作机制上下功夫，通过对水利建设投资体制的改革，吸引社会各方面的闲置资金，从而推进水利事业又快又好地发展。

6. 水利工程造价的管理

目前急需建立完善的工程造价管理体系：建立一个统一的工程造价管理机构，强化工程造价管理部门的管理职能，加强宏观调控能力，健全工程造价管理的制度和办法；加快法规建设，规范建筑市场，维护市场主体的合法权益。理顺各种工程造价管理主管部门的关系，建立各部门定期的协调联系制度，使工程造价管理的标准和指标能够更好地衔接、配套。

7. 提高当前水利工程施工管理的对策

水利水电施工管理不是一个独立的工作内容，它是由多个要素共同组成的，以施工管理水平提升为主要目的的对策实施，应当从构成施工管理的重要因素入手，对运行有效的措施进行探讨。工程施工进度管理是施工管理的重要部分，也是施工合同中的重要

组成部分，加强施工进度管理，施工企业应当严格按照施工合同的规定进行，对工程按照工期和分项进行施工进度的统一管理，为确保工程的按期完工而制订有效的施工进度计划。并将计划充分地落实到年、月、日，然后将其经监理审批。监理人员依照审批后的施工进度计划，监督和敦促施工单位注意工程施工管理。

8. 提高当前水利工程施工质量管控的对策

水利水电工程基本建设项目质量控制管理工作，贯穿于工程建设项目规划、勘测、设计、招投标和项目施工实施、项目竣工投入运行全过程。在施工质量的管理中，应当加强前期工作，严格基本建设程序。加大前期勘测质量控制管理，前期勘测质量控制管理是工程建设质量的首要问题，面对当今空前的水利建设投资规模和前期工程相对滞后的实际状况，要切实组织动员勘测设计技术力量与前期费用投入力度，严格按照规程规范加大前期规划。勘测设计工作要保证设计质量，要引入设计市场竞争机制，严格设计单位资质管理，严禁超越资质等级设计，并严格设计审批程序。精心勘察设计，提高设计质量。勘察设计质量是决定工程质量的首要环节，要大力提升设计勘察的质量水平，依托市场，将设计单位推向市场，靠竞争、信誉求发展，提高设计资质和专业技术水平。要大力推广应用新技术、新工艺、新工法，以不断提高工艺技术水平，保证工程质量的持续改进和工效的提高，采用先进合理的工艺、技术，依据规范的工法和作业指导书施工。

四、建章立制，落实责任贯彻查处和预防相结合的方针，全面推行巡察执法责任制

首先从建立健全各项工作规程着手，如制定颁发了有关《水政监察巡查制度》《加强水工程管理的暂行规定》《水政监察大队考核办法》等规范性文件，出台《水利局行政执法责任制》和《水利局行政错案追究制度》等一系列文件，分别对考勤、巡查、受理、立案、考核、奖惩等做出明确规定。其次是建立和完善水行政主管部门层级监督和互相监督办法。建立社会举报制度，凡举报有功人员均给予适当的经济奖励。各职能单位围绕各自工作职责，做到每周巡查两次，巡查时要有记录，发现问题要及时上报，一般水事违法案件由各流域管理所按简易程序进行处理。发生较大的一时制止不了的问题要立即上报县水保所、县水政监察大队调查取证，按执法程序进行调处。每个层次管理单位根据职责分工不同，都有相互监督的权利和义务。

加强领导，形成水利局局长对水利工程管理、执法负有全面责任，要坚持一手抓建设，一手抓管理，做到建管并举，强化执法。水利局分管水工程管理和执法的副局长，要全身心地扑在管理和执法工作上，以身作则，知难而进；要运用多种载体，组织开展管理"执法年"活动，同时建立管理、执法联席会议制度，定期召集会议，分析研究管理工作存在的问题，探讨管理、执法的新办法、新措施；加强对管理、执法人员的业务知识和相关法律、法规培训，努力成为精通本职工作的内行，加强管理、执法队伍自身

建设，努力造就一支严于管理、勇于执法、敢于碰硬、纪律严明、勤政廉政的水利队伍。

　　明确权责，规范管理水行政主管部门对各类水利工程负有行业管理责任，负责监督检查水利工程的管理养护和安全运行，对其直接管理的水利工程负有监督资金使用和资产管理的责任、对国民经济有重大影响的水资源综合利用以及跨流域水利工程，原则上由国务院水行政主管部门负责管理，一个流域内，跨省的骨干水利工程原则上由流域机构负责管理；一个省内，跨行政区域的水利工程原则上由上一级水行政主管部门负责管理；同一行政区域内的水利工程，由当地水行政主管部门负责管理。各级水管理行政部门要按照政企分开、政事分开的原则，转变职能，改善管理方式，提高管理水平。

　　水管单位具体负责水利工程的管理、运行和维护，保证工程安全和发挥效益。水行政主管部门管理的水利工程出现安全事故的，要依法追究水行政主管部门、水管单位和当地政府负责人的责任；其他单位管理的水利工程出现事故的，要依法追究业主责任和水行政主管部门的行业管理责任。

　　逐步建立科学的工程水价体系和管理机制，充分发挥价格在水资源配置中的杠杆作用，实行统一政策、分级管理和民主协商的工程水价管理体制和灵活的调价机制。水利工程供水水费为经营性收费，水价要按照补偿成本、合理收益、节约用水、公平负担的原则，区别不同地区。农业用水和非农业用水、枯水季节和丰水季节等情况分类定价。积极推行终端水价制，规范末级渠系水价。逐步提高水费标准，实行政府指导价和市场价相结合。适当下放水价管理权限，由市、县物价部门会同水利部门，根据不同情况确定政府指导价。对财政转移支付的贫困地区，根据水资源状况、农民承受能力及市场供求变化适时调整水价，分步到位，不搞一刀切。已实行产权制度改革的小型水利工程和民营水利工程，在政府指导价的基础上，由经营者与用水户协议定价。要逐步完善农业供水计量设施，推广简单实用的计量装置和设施，加强计量管理。

参考文献

[1] 张志坚.中小水利水电工程设计及实践 [M].天津：天津科学技术出版社，2018.03.

[2] 沈凤生.节水供水重大水利工程规划设计技术 [M].郑州：黄河水利出版社，2018.10.

[3] 吉辛望，赵建河.水利水电工程管理与实务相关规范性（标准）文件及规程规范导读第 2 版 [M].郑州：黄河水利出版社，2016.09.

[4] 李锟，王达，王锡杰.水利工程设计与施工 [M].北京：现代出版社，2018.09.

[5] 吴怀河，蔡文勇，岳绍华.水利工程施工管理与规划设计 [M].昆明：云南科技出版社，2018.05.

[6] 杨杰，张金星，朱孝静.水利工程规划设计与项目管理 [M].北京：北京工业大学出版社，2018.12.

[7] 王东升，徐培蓁，朱亚光.水利水电工程施工安全生产技术 [M].徐州：中国矿业大学出版社，2018.04.

[8] 王海雷，王力，李忠才.水利工程管理与施工技术 [M].北京：九州出版社，2018.04.

[9] 高占祥.水利水电工程施工项目管理 [M].南昌：江西科学技术出版社，2018.07.

[10] 侯超普.水利工程建设投资控制及合同管理实务 [M].郑州：黄河水利出版社，2018.12.

[11] 邱祥彬.水利水电工程建设征地移民安置社会稳定风险评估 [M].天津：天津科学技术出版社，2018.04.

[12] 赵宇飞，祝云宪，姜龙.水利工程建设管理信息化技术应用 [M].北京：中国水利水电出版社，2018.10.

[13] 王东升，徐培蓁.水利水电工程施工安全生产技术 [M].北京：中国建筑工业出版社，2019.08.

[14] 贺芳丁，刘荣钊，马成远.水利工程施工设计优化研究 [M].长春：吉林科学技术出版社，2019.10.

[15] 马乐，沈建平，冯成志．水利经济与路桥项目投资研究 [M].郑州：黄河水利出版社，2019.06.

[16] 孙祥鹏，廖华春．大型水利工程建设项目管理系统研究与实践 [M].郑州：黄河水利出版社，2019.12.

[17] 盛金保．水库大坝安全管理丛书水库大坝风险及其评估与管理 [M].南京：河海大学出版社，2019.11.

[18] 刘学应，王建华．水利工程施工安全生产管理 [M].北京：中国水利水电出版社，2017.09.

[19] 曾光宇，王鸿武．水利水安全与经济建设保障 [M].昆明：云南大学出版社，2017.05.

[20] 耿敬，李明伟，张洋．水利枢纽建设三维动态可视化管理 [M].哈尔滨：哈尔滨工程大学出版社，2017.03.

[21] 魏国宏．水利灌区施工与安全监测 [M].郑州：黄河水利出版社，2016.10.

[22] 苗兴皓，王艳玲．水利工程法律法规汇编与案例分析 [M].济南：山东大学出版社，2016.12.

[23] 张云鹏．水利工程项目标准化管理 [M].济南：山东大学出版社，2016.12.

[24] 尚永立，杜全兵，张金刚．水利工程与安全施工 [M].长春：吉林大学出版社，2016.11.